愿世间的美好都被温柔以待

阿春牧羊犬 著

百花洲文艺出版社
BAIHUAZHOU LITERATURE AND ART PRESS

图书在版编目（CIP）数据

愿世间的美好，都被温柔以待 / 阿春牧羊犬著. --
南昌：百花洲文艺出版社, 2018.1
ISBN 978-7-5500-2606-3

Ⅰ. ①愿…　Ⅱ. ①阿…　Ⅲ. ①成功心理–通俗读物
Ⅳ. ①B848.4-49

中国版本图书馆CIP数据核字（2017）第324848号

愿世间的美好，都被温柔以待

阿春牧羊犬　著

出 版 人　姚雪雪
策　　划　紫云文心·魁文馆
责任编辑　李梦琦　兰　瑶
封面设计　飞扬设计
出版发行　百花洲文艺出版社
社　　址　南昌市红谷滩新区世贸路898号博能中心A座20楼
邮　　编　330038
经　　销　全国新华书店
印　　刷　三河市兴达印务有限公司
开　　本　880mm × 1230mm　1/32
印　　张　9.5
字　　数　190千字
版　　次　2018年4月第1版　2018年4月第1次印刷
书　　号　ISBN 978-7-5500-2606-3
定　　价　45.00元

邮购联系　0791-86895108
网　　址　http://www.bhzwy.com
图书若有印装错误，影响阅读，可向承印厂联系调换。
联系电话：（010）56866302-103

自序：愿我们，都被世界温柔以待

首先，感谢您购买这本书，我是阿春牧羊犬，我希望这本书能够带给您温暖。

其实，最开始的时候，我没想过自己会写这样一本书，我曾希望自己能够把自己的青春写成一本长篇小说，后来被搁浅，渐渐写这些短文章。

我写文的初衷，是因为一个姑娘，因为我曾信誓旦旦地对姑娘说以后我一定会写本书，把你写进去，然后送给你，现在这个小诺言也快实现了，虽然不是长篇小说，但也能聊以慰藉。

更多的时候，我写文章是因为生活中的某个细节感动了我，于是便敲下键盘，记录下来一串文字，因为文笔比较细腻，所以经常被读者认为我是个女生，还蛮尴尬的。

我写文的事情，周边的朋友都不知道，因为怕别人说我矫情，所以一直自己默默地写着，也许等书出来，会送给身边好友三两本。

原本这本书的稿子应该很早就能写好的，后来在研究生的尾巴，我遇到了对我很重要的人，然后我的生活便开始围绕着她在转，也没怎么赶稿子了，我跟她说我在写东西，她笑着说没看出来我还挺文艺，我问她有什么想看的故事，我到时写进稿子里，她思考很久也没说出来，她说她不想被写进我的书里，我默然，我会偷偷记录着我们的小故事，却从未写给读者，因为最珍贵的东西，都是不能说的秘密。

我写的不论故事，还是励志文，都希望能够带给你们温暖，世界很残酷我们都知道，但我不想让你们忘记了它也很温暖过。

我们相遇，我们分离，都是缘分。但我希望我们都能好好的，被这个世界温柔对待，被喜欢的人紧紧深爱！

阿春牧羊犬

2017年8月29 日

目录

目录

目录

目录

目录

目录

致所有单身姑娘：

请相信，人山人海中你最可爱

1

梦梦过生日，邀请了我们几个好友说要庆祝一番，原以为会去KTV尽情高歌high唱，谁知她却让我们到她租的房间里欢聚。

带着精心准备的礼品，我提前赶到了梦梦房间，当她给我打开房门的一瞬间，我整个人有点恍惚。

一张熟悉的面庞，化了点淡淡的妆，乌黑的秀发被她扎在了脖后，一身简单的居家服，笑起来的酒窝和小小的虎牙可爱至极，这还是我认识的那个梦梦么？一个多月没见面，竟然变化这么大。

我换上她递过来的拖鞋，笑着调侃道，梦梦你最近变漂亮了不少呀，新的发型和服装都很适合你，差点就让我爱上你了。她笑着拍了我一下，说尽是贫嘴，没个正经。

走进房间，才发现这里的布置跟上次来的时候也变化了很多，一把木吉他靠在墙角，各种健身工具整齐地摆在架子上，阳台上也摆满了各种盆栽，整个房间既整洁又温馨。

她让我先坐下看会儿电视，端上了一盘水果，便转身走向了厨房，不一会儿耳边便传来各种切菜的声音，我实在坐着无聊，便踱步到厨房，站在门口的我，看到梦梦正在低头弄着鸡翅，娴熟的手法，认真的表情，让我一下子愣住了。

原来，每个女孩都有着最美的一面，不管曾经有多黯淡，总会有万丈光芒的时候。

2

为什么我这么吃惊于梦梦的改变呢？因为在两个多月前，她才刚刚和谈了一年多的男朋友分了手，那个说要娶她，却跟另外一个姑娘开了房的男人，狠狠地伤了她。

她说生活真的太苦酸，说自己的命运太悲惨，说永远不会再去谈恋爱。整天把自己弄得灰头土脸，房间里也是脏乱不堪，不出门，不上班，逃避生活，逃避现实。

那时候的她，真的是又可怜，又可恨。

我们怕她想不开，常常去她家陪着她，安抚她的情绪。但很多时候，我们人生中的一道道坎，都只有自己才能跨过去，咬着牙，碎了心，也没什么大不了，走过了就是蜕变，跌倒了就是自弃。

还好，梦梦走过来了，一步一步，踏着心碎，挺了过来。

当她告诉我们各自回去好好工作，自己能够好好地生活时，我们都心里一松，那张憔悴却带着笑容的脸，让人心疼，也带着无限坚强。

后来我们几个都忙着自己的工作，各自的任务都很重，平时也就闲下来才通个电话唠几句，这一晃，便是一个多月没见。

这段时间里，梦梦很少再发朋友圈，很多时候，也就是摆上几张图片，证明自己还活着，我们都以为她会慢慢走出悲伤，会变得多愁善感，可是，最后都猜错了。

恋爱的时候，有幸福，有甜蜜，让人羡慕，能秀恩爱。单身时，也能一个人好好生活，为自己好好生活，即使人山人海里，你也是最可爱的那个。

3

将近中午的时候，我们几个好友都来齐了，梦梦让我们几个先玩玩牌，聊聊天，马上就能吃饭了。看着忙碌着的她，我们几个都感到惊讶，同时也为她感到高兴，她，终究是活成自己最好的样子。

等到最后一盘可乐鸡翅端上来的时候，看着满桌的佳肴，扑鼻的香气让人胃口大开，我带头说先尝尝，便夹起了一块红烧肉，真的很棒，跟酒店里的也没差了，大家看我吃上了，便纷纷落下筷子。

一顿狼吞虎咽后，我们几个都摸了摸自己的肚子，几个女的还说这下又要减肥了。喝完手边的果汁，我看着梦梦说，给我们讲讲最近你都干了什么，怎么改变了这么多。

大家的眼光顿时都投向了梦梦，她轻轻一笑，说自从分手之后，那段煎熬的时光感谢你们的陪伴，后来我也想通了，想要看清一些事实，就需要一些疼痛，你必须明白，要走的人你留不住，装睡的人你叫不醒，不爱你的人你终究是改变不了。

跟他在一起的日子里，有欢乐也有难过，这本是恋爱就该承受的，但那时我太在乎他了，穿他喜欢的衣服，弄他爱看的头发，陪他玩游戏，渐渐地我发现我慢慢丢失了自己。

分手了也好，我终于能好好地过日子，好好地变成更好的自己。于是我开始健身，好的身体是一切快乐的基础，开始学习我最想学的吉他，报了烹饪班，学做自己爱吃的菜，养了很多盆栽，每天屋子里有花和草的香味，非常舒服。

以前害怕单身，觉得单身真的好辛苦，后来真的单身了，才发现也没什么大不了，有更多的时间去做自己想做的事情，穿让自己舒适的衣服和鞋子，扎上最爱的马尾，做最喜欢吃的鸡翅，弹最爱的杰伦的歌。

听完梦梦的倾诉，我们都感叹不已，然后纷纷竖起了大拇指。

4

梦梦说，下个月自己一个人要去韩国旅游，去最想去的济州岛看海。

看着浑身散着光的梦梦，真的很高兴。那些单身的姑娘，有很多被爱所伤，也有不少未发现真爱，单身并不代表她们有多差，也不是说她们有多丑，很多时候，只是她们不想将就而已。

不要说这个社会有多现实，我们都知道，看脸，看钱，是有很多这样的人，但不是所有人，也不要轻言断定别人有多世俗。

敲下这些文字，只想分享一个小小的故事，让那些单身的姑娘看见，曾有个也是单身的女孩，有多么努力地在变好，活得有多么骄傲，不要再随遇而安，要有一点梦想，有一点行动，未来是走出来的，而不是站在原地傻等着的。

不要着急，不要怀疑，人山人海中，你永远都是那最可爱的一个，单身时就好好生活，努力提升自己，爱情终会有的，这样的你才值得更好的他，加油，那些单身的姑娘们。

愿你能跟孤独为伍，
与全世界为敌

每个优秀的人，都有一段沉默的时光。那一段时光，是付出了很多努力，忍受着无尽的寂寞和孤独，不抱怨不诉苦，日后说起时，连自己都能被感动的日子。

1

室友小林正在创业，二十多岁的年纪，踏着理想，带着梦，凭着一腔热血艰难地行走在远方的旅程中。

本科的时候，小林申请了学校的保研资格，最后顺利地通过了面试，被理想的学校录取了，但当导师问他是否有读博的想法时，他却意外地选择了去读专硕。

导师当时很不解，因为按照小林的资质，完全可以硕博连读，不明白他为什么偏偏选择去读个专硕。

小林跟导师说，自己正在和朋友一起创业，选择读专硕，可以在深入自己知识背景的同时，有更多的时间去拓展自己的兴趣，如果选择硕博连读，肯定没有时间去坚持自己的事业。

导师苦口婆心地劝说道，年轻人有梦想是好事，但创业这条路并没有那么轻松，不是每个人都能像马云那样成功，与其冒这么大风险，还不如选择最稳妥的那条路。

最后小林仍旧坚定着自己的选择，他说年轻的时候不去拼一拼，恐怕以后都没有这种激情和决心了。

很多时候，在你做出最艰难的选择后，更痛苦的是你要忍受这条路上所有的风雨和寂寞，很艰苦，很残忍。

2

当我们每天上完课，完成导师的任务早早就回宿舍时，小林仍然在熬夜忙着公司的事，所以每次最后一个离开实验室的都是小林。

当我们周末在床上赖着到中午的时候，小林早就已经去公司忙着各种事情，他没有周末，有的只是忙不完的任务和工作。

当我们一群人嘻嘻哈哈散漫地走在去食堂的路上，小林总是快速高效地解决着自己的三餐，从不在这上面浪费多余的时间。

他按照自己的节奏一步步走着，导师的任务、公司的琐事、日常的健身……在我们觉得生活安逸无比的时候，他总是说时间根本不够用。

我们常常开玩笑道，林总这么拼干什么，你这么努力还让不让我们活了。他总是笑笑说哪有。

因为他和我们的节奏确实不在一个频率上，于是渐渐地我们开始有点疏远他，去吃饭不再叫上他，打球的时候也不喊他，出去唱歌也没找他，因为我们知道他确实很忙，去叫他都感觉有点打扰他。

毕竟我和他还是一个寝室，关系还是比较好的，虽然他回寝室的时候我早已进入梦乡，而我起来时，他也不见踪影了，但偶尔当他早点回寝室的时候，我们还是会唠唠嗑，聊聊天。

记得有次我问他，你这么辛苦，难道不累，不感到孤独么？

他扯着嘴角笑道，呵呵，怎么会不累，你知道我有多少次想要放弃么？你知道那种被压力压得快窒息的感觉么？孤独又怎么样，有时候，成功的道路上就真的只有孤独与你为伍，你要和全世界为敌才能走到梦想的终点。

顿了顿，他接着说，我知道你们大家都在渐渐地疏远我，我很抱歉没有合群，但我选择的路不允许我轻易放纵，哪怕一丝丝，导师本来就不怎么赞同我创业，刚开始的时候，公司里面的状况又接连不断，很多事情一下子压到肩上，我只是想证明我的选择并没有错，怎么就那么难，那么辛苦。

看着小林，我久久没出声，最后只说了一句，加油，我相信你。他红着眼轻轻地说了句谢谢阿春！

虽然大家都觉得小林很不合群，但我还是会默默地支持着他，因为我知道，那个在阳台默默抽烟的他，那个躲在被子里轻轻抽噎的他，那个看着大家玩乐落寞眼神的他。这些我都看到了，那个在孤独中倔强前行的他。

尘世里，喧嚣和孤独都难以忍受，小林只不过选择了与孤独为伍，在寂寞中勾勒着梦想的蓝图，那么深刻，那么坚定。

3

而人生本就是一场修行，修行的路上总是少不了孤独。

这让我不禁想到自己的考研时光，那段浸染了我无数的青春汗水，埋葬了无尽的寂寞孤独的日子。

我们在生活里总是想要变得更好，于是有着各种各样的目标，或坚持跑步去减肥，或努力工作去挣钱，或埋头苦读去考试……在我们变好之前，总是有着数不清的坎坷要去踏平。

那时候，我想要考研，去曾经渴望的学校里继续深造。于是在大家都在享受的日子里，我默默地背着书包走向了图书馆。

为了考研，我放弃了昔日一起战斗的伙伴，抛弃了热爱三年的暖床，舍弃了一直追更的动漫……那段日子很辛苦，但更多的是孤独。

我想我能够忍受住生活无情的磨难，但那种刺痛骨髓的孤单却让我很恐慌。那些日子里，只有自己一个人默默地走在学校的路上，那些曾陪着自己嬉闹玩耍的伙伴不在身边，多少委屈，多少辛苦，都只能自己扛，一个人就像一支军队般。

那种被好兄弟抛弃的感觉，那被整个世界敌对的感觉，深深刺痛着我的神经，但我知道这一切都是必须经历的，在走向梦想的路上，要么庸俗，要么孤独。

于是，我在最艰难的日子里，踽踽独行在远方的路上，开始慢慢适应那种孤独，既然我不能逃避它，就只能接受它，然后爱上它，在荆棘密布的旅程中，彼此相互依靠。

庆幸的是，自己终于熬过了那段艰难，伴着孤独，走过了那段旅途。虽然我错过了很多大家的活动，放弃了那些安逸的日子，但最后，终究是得到了属于自己的荣光。

4

记得周国平先生曾经说过，人在寂寞时的几种状态，一是惶惶不安，茫无头绪，百事无心，一心只想逃出寂寞；二是渐渐习惯于寂寞和孤独，安心下来，建立起生活的条理；三是寂寞本身成为一片诗意的土壤，一种创造的契机，诱发出关于存在、生命、自我的深邃思考和体验。

我想大多数人都处于第一种状态，害怕寂寞，耐不住孤独，总想着附庸在集体之中，而这样的我们往往都无法跨越那个庸俗的自己，迈不开走向更好未来的步子。

人生本来就不易，我们在人海之中难免会失去方向，渴望变好，却一片茫然。也许在我们改变的时候，发现被整个世界遗弃，只有一个人在前行，这时，请不要放弃，你要坚信，孤独之前是迷茫，孤独之后是成长，所有的成功，都少不了一个人单枪匹马的征战。

所以呀，想要摘星星的孩子，孤独是我们的必修课，我们不怕自己努力了不优秀，只怕那些比我们优秀的人比我们更努力！

愿你能跟孤独为伍，一个人也要努力地与全世界为敌，如果你渴望变得更好！

你从谁的世界路过，
谁又在终点等你

1

故事的开头总是这样，适逢其会，猝不及防。

很久之前就喜欢文字，喜欢那些让自己感同身受的故事，每个说故事的人，总有一个故事埋在心底死亡，每个听故事的人，总会为无数故事泪流心伤。

知道张嘉佳，是从一个作者的口中听到的，然后怀着好奇心搜了他的微博，看了那些带着温暖的文字，觉得他是个有趣的人，只有心中有爱的作者，才能让自己的文字带着光。

张嘉佳有故事，我有，你也有。所有人都从故事里走过，然后坚强地前行着，坚强是柔软结成的老茧，我们遍体鳞伤，我们一直流浪。

回忆是座沙城，不容你我触碰，时间是阵清风，风吹过，便坍塌了无数往昔。我们泪流满面，步步回头，却只能顺着风一直往前走。

故事的结局总是这样，花开两朵，天各一方。

2

张嘉佳说，从你的全世界路过，本身就是个病句，瞬间默然，然后微微感伤。

陈末曾经带给无数人温暖和希望，最后却成了最孤独的人，小容说，以前陈末能够带给世界万千温暖，是因为他心中有爱，后来，爱少了，孤独蔓延，他连自己都丢失了，又如何带给别人光和希望呢？

陈末爱小容，很爱很爱的那种，如果没有刻骨铭心地喜欢过，又怎么会日夜忍受着心痛的感觉，坚守在那间孤独的房间，坚守着从你的全世界路过，哪怕全世界都在嘲笑他，哪怕游街向全世界说自己是蠢货，这些他都不在意，他只想陪着那个心爱的女孩，即使在看不到的地方，也要默默守护。

渐行渐成熟中，我们才发现原来爱情本就没有对错，一段幸福和一段悲伤，都是一个圆满，不是爱错，只是不适合。

猪头，确实是个猪头，那么简单，那么贪婪，那么愚笨！

可猪头并不是猪头，他从来都有着自己的坚持，从来都明白所有事，从来都没那么贪心，只有对燕子，只有事关燕子时，他才心甘情愿地成为那个猪头。

八年来，所有的身家财产，他都寄给了身在国外的燕子，二十万，不多，却是他整个的青春。

当燕子回来跟他说分手时，当他满心欢喜准备着的求婚变成分离时，他佯装微笑，做着最残忍的事情。

他说，他对燕子好，其实是对燕子不好，燕子对他不好，其实是对他好。

他看得清，理得明，也想得通。

可真的当燕子坐上出租车那刻时，他不停地说，燕子，你要幸福，要快乐，要幸福，要快乐……

车子越来越快，背影渐行渐远，他才发现曾经想明白的道理全都毫无意义，燕子要走了，所有的所有都将消散，他哭，他喊，他追。

燕子，没有你我可怎么活啊！瘫坐在地上，撕心裂肺。

有人说，相爱就是成全，但看到那幕，燕子，你要去哪儿，你带我走吧！猪头哭喊着狂奔时，我们的双眼朦胧，笑着说猪头真傻，哭着哼道真傻，猪头真傻，我们真傻！

还有那个整天嚷嚷着，探索宇宙真理已经很累了，不想再说假话的茅十八，和整天追着他，想泡他，最不爱听谎话的荔枝。

这段看起来十分奇葩的爱情，却意外地修成了正果。

陈末问茅十八，男人，如果为一个女人改变一生值得吗？茅十八说，值得！

当你爱一个人的时候，你就成了瞎子聋子，眼里除了他，什么都没有，就连被伤害，还拼命劝自己，揪住。

后来，茅十八为了荔枝，真正地发生了改变，他想带给荔枝最好的生活，想和荔枝一起幸福生活，所以他为荔枝设计了世界上独一无二的导航仪，给她配了随时能收到信息的警报器，以及所有修理过的电器一起呼喊道，荔枝，我爱你，荔枝，我爱你，我爱你……

一个只会沉浸在自己世界的宅男，为了荔枝，向身边所有人求教最浪漫的求婚仪式，一个弱不禁风的男子，为了荔枝，奋不顾身地与歹徒斗争，当他紧搂着荔枝，鲜血不住地流淌时，内心揪着难受。

爱，可以粉身碎骨，爱，可以付出所有，爱，可以永恒不朽。

还好，最后的彩蛋没有白等，原来世界也并非如此苍凉。

3

最后说说幺鸡，那个孤独的姑娘，为了陈末，勇敢坚强，可以接受别人批评她，却不允许任何人说陈末。

曾经的她，有着小小的梦想，却只身在这座冷漠的城市，无限孤独的她，还好有陈末节目的陪伴，强撑着走了下去。

她孤独，偌大的城市里，一个能够交心的朋友都没有，她单纯，为了陈末的一个小小肯定，而兴奋地翻起了跟头，她善良，对身边的人都那么好，她喜欢着陈末，同时也自卑着，自以为是地撮合着陈末和小容，独自一人远走他方。

喜欢有时候就是低到尘埃里去，觉得自己一无是处，又觉得对方无限美好，然后自顾自地觉得彼此不般配，兜兜转转中，有多少错过和遗憾。

幺鸡对陈末说，谢谢你，让我从你的全世界路过。

只是她不知道，没有了她，陈末永远也无法胡那副十三幺。

人这一生，会遇到千万人，擦肩而过里，总有一张让你无法遗忘的面庞。今天你从谁的世界路过，今天，谁又将你丢失。

路过的都是旅途，只能怀念，只剩念想，而那个贯穿未来，陪你数尽无数公路牌的人，才是值得执子之手的远方，他会在终点一直默默等候，就像陈末等着幺鸡，一天又一天，一年又一年，终将把你等到。

4

世间爱情，千回百转。有些爱情，自然发生，有些爱情，无故消失，我们用迷离的双眼看尽一切，却无法改变什么。

相见时，我们彼此紧拥，离别时，我们互道再见。

我一直相信着缘分，而我也从来都不否定有缘无分，余生很长，也许你我再也不见，也许转弯就能碰面。

只是，陪伴你长久的那个人，希望你别轻易辜负，不要只是从彼此的世界路过，而是牵着彼此，一起去看全世界，待到白发苍苍时，夕阳斜下，晚风拂过，孩子在闹，小狗在叫，你我相视微微一笑。

有你，真好！

不打扰，
是愿你被世界温柔对待

有多少爱恋只能遥遥相望，

有多少爱恋今生无处安放。

喜欢歌手李健，他的歌声充满着故事；

喜欢电影《假如爱有天意》，电影里的故事都是人生；

喜欢李健唱的《假如爱有天意》，因为歌声里的故事都是我们自己。

如果，如果上天垂怜每一份爱恋，

愿你，愿你被温柔对待，

这样，才对得起我不打扰的温柔。

1

周末的下午，W先生约我出来喝咖啡，在北街的缘分天空。

W先生是个典型的东北汉子，性格豪爽，待人坦诚，我们一起上大学的那会儿，彼此之间就积攒着深厚的革命友谊，一起逃过课、一起通过宵、也一起追过女生。

一进门，就看到W先生坐在靠窗的位置上，桌上放着两杯咖啡，都冒着热气，想来他也刚到没多久。

打了招呼，便坐到了他对面。

“C姑娘下个月三号就订婚了。”抿了口咖啡，W先生看着窗外，轻声说道。

“看到她朋友圈的状态了。”我向咖啡中加了整包的白糖，一边搅拌一边回道。

“看到她笑得这么开心，真为她高兴，她终究遇到了她的命中注定。”

我没有说什么，只是静静地等着，我知道，W先生还有未完的话。

“可是，阿春，为什么，为什么我这里还是会这么痛！”他右手用力地捶着胸口。

“两年了，整整两年了，我以为我已经放下了她，我以为缺了角的心已经愈合完全，我以为我再也不会因为她的任何消息而震颤。但看到她要订婚的消息，我差点窒息到死掉，那一刻，我整个大脑都是空白，那破了洞的心，风一吹，还是会痛到死去活来，我想我还是爱着她，未曾忘记过她，哪怕一分一秒！”W先生，红着眼，激动地嘶喊着。

“你那么爱她，怎么当初没有再去找她，就算哭着求着，就算与全世界为敌，也要把她拉回你的身边，为何你不再努力一点，再坚持一下呢？！”看着抽噎的他，我愤愤地说道。

2

W先生和C小姐，从大一就在一起，两人是班上的模范情侣，整天腻在一起，当时我还开玩笑道，“以后你们生了孩子，一定要让我当孩子的干爹。”

当时我以为他们会一直在一起，结婚生子，幸福生活。

可毕业后，当C小姐的父母知道她和W先生在一起的时候，便极力要求C小姐和W先生切断联系，不想看着他们继续发展下去。

当时C小姐是哭着闹着也不答应，说此生就认准W先生了，除了他，谁也不嫁。

W先生也诚恳地哀求他们，保证着，以后一定会给C姑娘幸福的生活。

可是在杭州这寸土寸金的地方，一个什么都没有的穷小子，想要混出个模样来，真的太难太难。

也许W先生最后会成功，但C姑娘的父母觉得C姑娘等不起那个时间。

在最没有能力的年纪，遇到了想要照顾一辈子的姑娘。

是幸运，还是不幸？

3

“你以为我没争取过？你知道我在她父母面前怎么乞求的么？你知道我在她家楼下站了多少个晚上么？你知道我曾在她妈面前跪得膝盖都流血么？可是，可是还是没有用呀！”W先生说着，哭得更大声了，一个东北爷们，此时竟像个无助的小孩一般。

“那你有没有恨过C姑娘，怪她没有抵住父母的压力，一个人放弃了你们俩的梦想？”我轻声问道。

过了很久，W先生渐渐止住了哭泣。

“恨她？从来没有！她可是我深爱四年的姑娘，是我眼中最珍惜的人，我从来都没有埋怨过她，我只是恨自己太无能为力。”

曾经真正深爱过的两人，是不会责怪彼此的，因为他们当时是真的想要执手到白头的。

只是，世俗的牵绊太沉重，

亏欠别人的是债，今生要还，

负你的是情，来世必应。

“我留在这座城市，只是怕她哪天受了委屈没人借她肩膀，怕她迷路了打我电话我不在，怕她过得辛苦被人欺负。”W先生低声说道。

“雨天的时候，我只能把自己破碎的心房缝上，这样住在里面的她，才不会淋到雨，很多时候，我都不知道自己要怎样去努力，怎样加油，怎样奋不顾身，才能一直陪她走到永远永远。”

“看到她幸福的笑脸，我就放心了，终于有爱她的人出现了，我也该回去看看爸妈了，两年一直没回过家，每逢过年都好想好想他们。”

“你准备离开杭州回吉林了？要不要跟C姑娘道个别？”

“不了，她过得挺好，我就不打扰了，就当我最后一次给她的温柔吧，余生，愿她能被那个男子温柔对待。”

第二天下午，W先生给我发了一条安全抵达的消息，邀请我有时间去他那儿做客。

我说，好的，到时一定去。

后来的后来，我才知道，一个人最大的勇敢，是独自守护着满地的破碎和悲伤。

4

年轻时候的喜欢，是真的喜欢，喜欢你的眉毛，喜欢你的笑，喜欢你在操场上轻轻地跳，就喜欢你这个人，你的坏你的好，不掺任何杂质，透明得像玻璃杯中的纯净水。

后来的我们，在世俗的侵染下，也慢慢变得世俗，那种单纯喜欢的感觉，也很难很难再找到。

多少对像W先生和C姑娘一样的男女，毕业之后，天各一方，彼此生活得像周围的甲乙丙丁。

曾经那么要好的关系，还是经受不了时空的考验，

时间，让我们单纯幼稚的思想愈发成熟；

空间，让我们的圈子再无交集。

走着走着，就散了，回忆都淡了；

看着看着，就累了，星光也暗了；

听着听着，就醒了，开始埋怨了；

回头发现，你不见了，突然我乱了。

只是你走了，梦散了，一个人真的好难实现两个人的愿望。

真的喜欢上一个人，很难；

真的忘记一个喜欢的人，难上加难。

5

一身诗意千寻瀑，万古人间四月天。

年近耋耄的金岳霖，在最深爱的女子逝世后，写下这流传千万家的深情挽联。

他爱林徽因，是爱到骨子里的。

正是因为他爱她胜过爱自己，所以一直成全着他们的“梁上君子，林下美人”。

正是因为他爱她浸润骨髓，所以决定终生不娶，在深爱的人死后多年，仍郑重邀请至交好友到北京饭店赴宴，那天，正是林徽因的生日。

正是因为他爱她，他才一直默默守护，从未打扰，只愿她能幸福安好，被整个世界温柔对待。

6

在那段青葱的岁月里，我们真的相爱得很深，流年的记忆里，我们有着彼此的味道，一起谈天说笑，一起疯癫痴吵，一起为着对方努力变好。

但无情的世界，让我们终究没有白头偕老。

我们可以抱怨世俗的悲哀，我们可以感叹世事的无常，可是，千万别伤害曾经相爱的彼此。

那是你曾经想要照顾一辈子的姑娘，那是你曾在最无助时最先想到的人儿，那曾是你世界的所有。

7

记忆的梗上，谁没有两三朵娉婷，披着情绪的花。

希望每个W先生的C姑娘都能幸福余生，

愿被深爱的你被世界温柔对待，

这样，才能对得起他的不打扰。

姑娘，
请别要一直踮着脚亲吻的爱情

1

网上一直流传，情侣间最萌身高差是30—44cm，最适宜的身高差是12cm，这个标准大概是根据情侣间接吻的难易程度来判别的吧。

其实，恋爱中两个人甜蜜的亲吻，是沟通情感，表达爱意的最真切体现，可以说接吻是恋人间最平常最不可缺少的必需品。

我感动了，需要接个吻来表达我涌动的内心；我很爱你，需要接个吻来传递我真挚的情感；我想要了，需要接个吻给出最火热的信号；甚至连我生气了，都要接个吻狠狠咬一口你的嘴唇……

当四唇相触，津汁互换的时候，人和人之间的肉体感触会带来精神上的升华，看那些偶像剧里，一言不合就拍墙壁咚，而后才能有曲折婉转的剧情。

很多时候，行动比言语要有用得多，最可靠的安全感从来都不是空口的誓言和决心。

说了许多，无非是想表达亲吻在恋爱中的重要性，这是个最普通的举动，也是件最重要的小事。

而恋爱的细节里往往透露着最本质的东西，能否长途跋涉一起携手，其实就能从接吻这件事里看到未来。

那个永远让你踮着脚亲吻的男人，一定不会是你执子之手的那个他。因为他心间最重要的位置里没有你，眼睛便看不出你艰难的模样。

2

小舒是个娇小柔弱的女生，没有女王范，却带着无限的邻家小妹风，笑起来的两个酒窝能醉倒一排男生。

大学的时候，小舒就是个人气很高的女生，本班外系的男生暗送秋波的不在少数，因其平易温柔的性格，每次拒绝别人告白时，都不会使追求者尴尬或气愤，而是微微笑，以后有机会还能交个朋友。

当我们都调侃小舒太难追的时候，她却告诉我们她正在和计算机系的小徐交往，一时让我们惊讶不已。

小舒说两人是最近才确定关系的，是小徐追的她，她心里也挺喜欢这个男生的，两个人便处了下来。

小徐1米85的个子，长得挺帅气，一头短发，看上去十分阳光，小舒说看过小徐打过的球赛，球场上的那个帅气身影深深吸引住了小舒，小舒不到1米6的娇躯，每次和小徐走在校园里，总是会引来无数目光，我们都笑称他俩是最萌身高差情侣。

小舒和小徐刚开始恋爱的时候，跟每对情侣一样，都如胶似漆，吃饭一起，去图书馆一起，逛街一起，那时候，分开的每一分一秒都觉得度日如年。

有天小舒突然拉低声音跟我们说，她和小徐接吻了，这是两人的第一次接吻，说话的时候双颊粉嫩通红，无限娇羞。

八卦的我们当然不会轻易放过她，便问道当时是什么感觉，她开始推推拉拉不肯说，后来实在抵不过我们，便轻声道，很奇妙，像坐摩天轮，很刺激很兴奋，温暖又柔软，但是脚有点酸。

开始的描述让我们捂嘴偷笑，最后的一句脚有点酸又让我们额前三条斜杠，接个吻接到脚酸，小舒也是够可以的。

原来接吻的时候，小徐只是稍微偏低了头，小舒要使劲踮着脚才能凑够这最萌的身高差，我们好奇地问，小徐没有再低点来配合你么，小舒摇了摇头，说下次应该会好点的吧，我们也深以为意。

3

后来的小舒和小徐继续着甜蜜的相处，但随着时间的拉长，没有了最初的新奇和激情，两人之间的如胶似漆早已不似开始了。

后来的小舒和小徐经常会接吻，下课后，小徐来我们班前等小舒时，小舒都会踮着脚给个甜蜜的奖赏，当情人节小徐手捧玫瑰时，小舒也是感动得眼泪直流，紧抱着小徐，踮着脚送上最感动的亲吻。

其实恋人之间本就互相体谅，因为彼此深爱，所以不希望对方有什么委屈，我爱你，不舍得看到你难过的样子。

可很多时候，那些看起来微不足道的小细节，最后才是决定爱情成败的关键。

那个让你一直踮着脚亲吻的男人，一次可能是粗心，但两次、三次、甚至习以为常时，就真的有点问题了。

真正把你放在心梢的人，你皱一下眉，他都会心疼好久，那个全身上下都在注视着你的男人，怎么会发现不了这点小事。

大三的时候，小舒终究是和小徐分手了，虽然学生时期的爱情长久的很少，可坚持到最后的也不是没有，不是不合适，是看彼此爱得够不够深罢了。

小舒哭着跟我们说，小徐跟她提出分手，说相处后觉得两个人真的不太合适，所以分手赶早，愿彼此都能找到最爱的人。

那夜，小徐离开的背影，被校园的路灯拉得很长很长，第一次，小舒觉得自己和小徐之间，差了不仅仅一个踮脚的距离。

我们都不停安慰着小舒，纷纷叹气摇头，其实这个傻丫头又何尝没有发现小徐的真心，只是在欺骗着自己而已。

人不都是这样，总爱欺骗着自己，不然该拿什么去面对这世间的不温柔。

4

喜欢是两人的事，恋爱更是要彼此付出真心才能变得更好，我们不断努力，一直坚强，也不过是想成为对方眼中最好的样子。

那个给你最温柔舒适亲吻的男人，是想交出真心，想把你捧在手心，怕你受伤，怕你委屈，又怎么会舍得让你一直踮着脚呢？

其实恋人间的身高差，也许是考验那个男人愿意为你俯下多低的身段，再佝偻的模样，都住着颗最爱你的红心。

每个姑娘都不蠢，也都不傻，有喜欢的人时，会显出最真实的依赖，认定的男人更是无条件地觉得他是最好的。

可爱情不是无理智的喜欢，有些事情不是永远的迁就就能幸福。

你是女生，一身翩翩公主裙，穿着最美高跟鞋，别一直踮着脚亲吻，高跟鞋会掉，别人会笑。

爱情虽然重要，可你自己才是最无价的宝，活着，就要光芒万丈，才最美最好。

请把最好听的话
留给最重要的人

或许有时候我们都忘了，那些最珍贵的东西其实更加需要被细心呵护。

1

不知从什么时候开始，我们很少向身边亲近的人说句好听的话，那些赞美，那些感动，统统成了人们口中所谓的矫情，彼此关系这么好，有必要讲那些酸溜溜的话吗？

更有甚者经常对那些最亲近最重要的人，肆意地宣泄着自己的坏脾气，仗着被疼爱，就有去伤害的权利吗？

人，终究是个感性动物，耳朵上的触动往往会带来心灵上的震颤，那些美妙的言语统统化成蜜汁，缓缓流进心田，尤其是最在意最亲近的人，一句简单的赞美可能会幸福一整天。

所以，所谓的矫情不过是自己的借口，你要记住，你能随意称赞着陌生的好，永远都是视觉上的表象，而守护你，关心你，喜欢你的那些人，才真正需要你的甜言蜜语，永远都不会尴尬，永远都不会矫情，也永远都不会多。

2

记得前段时间后台有个读者跟我说，阿春，我最近好苦恼，感觉生活一团糟，你能帮帮我么？

我当时也不知道什么情况，便问了句有什么烦心事。她回道，她最近因为考试失利，心情很差，辛苦准备了半年，最终功亏一篑，于是便将自己“囚禁”了起来，好朋友的问候都没回，父母打来的电话也冷漠地寒暄两句便结束，甚至有时候因为他们多说了几句，便控制不住自己说出了伤人的话，当时很恼火，后来冷静下来才觉得非常后悔，又觉得再跟他们细说很矫情，所以最近特别烦恼。

我没有给出什么建议，只是问了句，平时你会对身边亲近的人说些好听赞美的话么？

她回道，身边的好朋友都是多年风雨走过来，没必要再做这些矫情的事吧，况且这种事挺尴尬的。

我回道，有时候言语的力量是巨大的，它能摧毁一座城池，也能消融所有黑暗，一句话，有时候不仅仅只是一句话，它是一份关心，是一种肯定，更是一把钥匙，打开彼此心底重重城墙的钥匙。

两颗心脏的距离，不近不远，需要的是联通起来的那座桥，那座让彼此都能够感受得到的存在，一句话，一座桥。

3

几天后，那位读者给我回信，说了句，谢谢你，阿春，今天的阳光特别好。我说，最美的阳光也抵不过老妈烧的鱼，老爸种的花和闺密那新剪的碎发。

小时候，我们特别容易羡慕别人，看到谁买的新玩具都会轻轻摸下，不停叫道真好看，真厉害；小时候我们特别爱身边重要的人，会亲亲老妈的脸颊说今天的炒饭宇宙第一好吃，会对同桌小花说她今天的红裙子特别漂亮；小时候，我们不懂事，只知道我们喜欢的人，爱我们的人都特别好，就会说出来，就让全世界都知道。

可后来呢，我们不再轻易地表达自己的情感，唯恐夸了哪个姑娘被别人知道，乱嚼舌根让两人尴尬，一起处了很久的对象，也不会轻易地说动人的情话，怕显得矫情彼此难堪。

越长大，越懂事，越懂事，越害怕，可是一生就那么长，生活本就不易，又何须如此惶恐呢。

我们被时间追赶着向前跑，我们会有工作，需要去不断地恭维着很多人，见到老板要问好，要给领导朋友圈第一时间点赞，我们会有家庭，会有自己的圈子，看到邻居家的小孩笑着称赞乖巧可爱，到别人家吃饭一个劲地说菜烧得真好。

我们从来都不是不会去称赞别人，对偶像，对老板，对朋友，甚至对一个陌生人，在赞美他们的时候，我们觉得这是一种中华传统的美德，本应该如此。

可，总是有那么群人让我们忘记去称赞，全世界的好听的话也很难去开口，也许不想，也许想，可终究是没有做。

可能是因为长大了吧。

4

我们往往更加希望听到亲近的人的赞美，因为这个世界上陌生人之间的恭维有时候一分钱不值，那不过是一句不经过脑沟壑而自动发出的声音，只是被说了千万遍，就被强行记在脑中罢了，而那些最亲近最重要的人，才是由衷的表态，才是真的喜欢。

而且，那些最重要的人说出的好听的话，确实会让人开心很久，例如你的一位好闺密说你今天的睫毛很好看，一是表示你选的这个睫毛确实有品位，二是代表了她真的很关心你，连一点点小细节都关注了，三是代表你们真的是好闺密，不解释。

所以呀，没有那么多矫情，也没那么多尴尬，那些你最重要最亲近的人，是值得你说上全世界最好听的话的人，不要只知道往他们那里吐糟各种，他们不是垃圾桶，给的坏情绪太多，终究是不利于成长。

“老妈，你是世界上最漂亮的女人！”“狗蛋儿，你咋又变帅了！”“小雪，你胸又变大了哦！”……

最后，再告诉你们一个秘密，称赞一个人真的比伤害一个人要容易百倍哦，不信，你去试试看！

最好的等待，
叫做来日可期

这个世界，

有一千种等待，

最好的那一种，

叫做来日可期……

1

陆之昂说，你会嫌弃这个，当时一直凶你，现在一无所有，只会为你剥龙虾，做糖醋小排的陆之昂吗？你愿意嫁给我这个混蛋吗？

颜末说，我的他，不是盖世英雄，也没能驾着七彩祥云来娶我，但不妨碍，我今生最爱是他。

爱情从来都是千回百转，兜兜转转，到最后，你还在，真好。

当陆之昂和颜末先后说出我愿意时，当陆之昂将指环紧紧套在颜末的无名指上时，当所有的过往都变成相拥欢笑时，我看到，爱情最好的模样，我看到，等待最好的归宿，我看到，幸福的终点……

其实，努力爱一个人，有时候和幸福并无关联，然而，往往爱与不爱之间，隔得不是太远。

2

今天给大家讲述一个等待的故事。

怎么说呢，我们每个人可能都在等待，等待着自己想要的生活，等待着让自己心动的那个人，等待着世间最独特的温柔。

有些等待，会发芽，开花，结果，迎着微风在暖阳下摇曳着绚烂的光，它是幸福的，是幸运的，是难得的，而很多时候，更多的等待往往是无疾而终，它深埋在土里，人们看到的只是一抔黄土，多少难过，多少期待，多少委屈，都被深深腐蚀，默默遗忘。

故事的开始，男孩爱着姑娘。

姑娘是个很好很好的姑娘，她单纯善良，对待每个人都怀着赤诚的心，有着小小的目标，很努力地朝着梦想前进，会委屈，会在中午睡不着觉而红了眼睛，会因为害怕一个人孤独而不敢去食堂吃饭。

她好，她哪儿都好，男孩总是这么说。

可，横在男孩和姑娘之间的一条天堑是姑娘的男朋友。

姑娘有了男朋友，身处异地。

所以，每次男孩想对姑娘好的时候，总有一股罪恶感，他觉得自己在做一件特别不道德的事情，觉得自己在破坏姑娘和男朋友之间的幸福，于是一次次，男孩在夜里给自己提醒，一定要保持距离，一定要控制住自己的情绪，一定要克制。

然而，每每看到姑娘的时候，男孩的所有决心，所有的宣言都变得支离破碎，他看不到姑娘的时候会想她，看到她的时候会心疼。

男孩可能寂寞了吧，男孩应该是很喜欢姑娘的吧……

世界上的所有事与愿违都让人苦不堪言。

3

青春啊，多少纠结和疼痛，你伤别人的，别人伤你的，都会留下深深的疤，很久很久之后，看到它，想起曾经，那么痴，那么傻，那么可爱。

男孩觉得自己放弃不了姑娘，于是两人敞开心扉地交谈了一次，两个人在校园里走到大半夜，那天没有星星，月亮也被云朵遮住了脸。

回到寝室，男孩躺在床上，回忆着姑娘的话，知道了姑娘的男朋友是个学历挺高的人，知道了姑娘很喜欢她的男朋友，知道了她的男朋友很爱很爱她，所以呢，所以男孩对自己说，该放弃了么？

很多时候，当我们遇到了无法解决的困局时，我们第一瞬间想到的只是逃避，打不过，迈不了的坎，我们总是会选择绕道，多正常呀，多遗憾呢。

可是呢，男孩，他不想放弃。

于是，他选择了等待，在地铁站等待一艘船舶，因为他的心里住着一片海，只为那艘船存在的海。

他默默收起放肆的喜欢，变得有点不正经，爱跟别人开玩笑，嘻嘻哈哈里谈天说地，爱带着微笑，对待别人都在笑，对着姑娘更是笑出一对白牙。

所以，大家都觉得男孩是个不正经的人，是个很乐观的人。

而男孩依旧默默地关注着姑娘，当她遇到麻烦或者不开心的时候，总是会不正经地为她解决掉困难，美其名说下次记得请吃饭，而后来一次都没有和姑娘单独走过。

少年呀，少女呀，爱情呀，纠缠成理不清，剪不断的时光。

4

这个世界，每天都有千万个等待，每天都有千万个遗憾，路人车水马龙，江河川流不息，会下雨，会天晴，会有幸运的四叶草出现在脚跟，会失去最珍惜的东西。

太多太多的事情在发生，在结束。

而于我们每个人，只在意着属于自己的那小小的一隅，希望它能圆满就很好很好了。

你们说，男孩后来等到了姑娘么？

双木非林，田下有心，希望到最后，每一段久别重逢都是不期而遇。

最好的爱情能打败时间

我一直都认为，幸福从来都不是件容易的事，那些牵手的白头，究竟得有多少厮守，究竟放弃了多少执拗，究竟经历过多少泪流，全世界，可能只有他们知道。

而最好的爱情，不是得要有多深情的浪漫、不需要多庄重的证明、也无需多浩大的祝福，只是在世纪半百后，你我偎依一起，白发苍苍，你喊我老头子，我喊你老婆子。

1

从很小的时候，就一直觉得，两个人，白着头发，坐在夕阳下一起看着日落，是最浪漫的一件事，现在的我，依然这么认为。

记忆中的姥姥和姥爷是一对很恩爱的夫妻。

姥姥个头不高，眯着的眼睛总是爱笑，喜欢喝酒，小的时候老爱跟着妈妈去姥姥家，因为总会吃到爱吃的糖糍粑，甜甜的，黏黏的，一口下去，满满的幸福感。

姥爷个子挺拔，记忆中总是一身得体的中山装，从不喝酒，喜欢晒太阳，有事没事总会坐在院子里的木椅上，品着清茶，沐浴着阳光。姥爷为人很和蔼，对我们这些小家伙都很好，一过去，总会每人掏上一个红包，我们总会搂着他的脖子，狠狠地亲上一口，那一脸的胡茬，扎了我们整个童年。

姥爷不会烧饭做菜，但每次姥姥在厨房的时候，他总要帮忙打下手，洗个菜、递个盘子、尝尝味道，这都是姥爷在行的。每次姥姥让评价菜烧得怎么样的时候，姥爷总会竖起大拇指，然后坚定不移地说，棒，真的是绝了，老婆子真的太牛了！

也许姥姥做的只是平常的味道，但在姥爷的心里，那都是人间美味，那是任何五星级酒店的大厨都无法媲美的好。

这是他的宝，有多好，别人怎能知晓。

2

其实女人喝酒，在我们那里是很少见的，就好像男人不喝酒一样。

但偏偏，姥姥和姥爷成了别人眼中的异类。

听妈妈说，姥爷年轻的时候是特别爱喝酒的，那时候，每次出去吃饭，姥爷都是被别人抬着回家的，醉得不省人事，半夜总会想要吐，姥姥每次都会整夜整夜地不睡觉，默默地坐在床前，准备好热水和垃圾桶，就这样，熬到了姥爷安然入睡，才会眯着眼休息会儿。

只是有一次，姥爷也是喝多了，被人送到家后，还嚷嚷着要继续喝，让姥姥去搞几个小菜，拿出家里的酒。姥姥就劝说，今天喝得很多了，下次再继续喝。那几个送姥爷回家的人也说，太晚了，下次再接着喝。只是，这次的姥爷仿佛驴脾气上来了，他觉得姥姥在好兄弟面前丢了他的面子，没有按照他的话去办，竟然冲着姥姥发起了火。

那一次，是姥爷对姥姥发的最大的火；那一次，姥爷第一次动手打了姥姥；那一次，姥姥哭着回到了娘家。

第二天，醉意散去，姥爷也渐渐清醒过来，想到了昨天自己的行为。他没有立即去找姥姥，只是把自己关在房间里，不吃不喝，整整三天。然后，骑着自行车去把姥姥接了回来。

不知道姥爷说了什么，反正姥姥是直接就跟着姥爷回来了，收拾好狼藉的房间，又过起了简单的生活。只是从那之后，姥爷就再也没有喝过酒，是的，从此滴酒未沾，直到离开人世。

后来，别人家有什么喜事，自家要请别人吃饭的时候，都是姥姥代着姥爷敬酒的，一来二去，姥姥的酒量被练上来了，成了家里的门面担当。

记得姥姥说，一个家里没有个会喝酒的哪行，既然老头子你不沾酒了，从此，我来撑起这个场子，这一撑，就是一辈子。

我不知道，姥爷把自己关在房间的三天里，究竟在想什么，也不知道，他究竟忍受着多大的痛苦才戒掉了贪杯如命的习惯。

有些东西，你想要舍弃掉，是先要在心里剜出一块肉的，痛得快要死去。只是，有些事情，剜了肉也得割舍。

没有酒，姥爷依然能好好地活着，也许少了几分潇洒；如果，失去了姥姥，可能姥爷无法坚持一个春秋。

对姥姥的爱，让姥爷甘愿成为别人眼中的异类。

你不懂我，怎么知道我不快乐？

3

后来，姥姥生病了，心脏上出了毛病，需要住院治疗观察。

妈妈、舅舅和几个姨妈都来到医院，因为不知道要住院多久，大家想着安排好时间，彼此轮流着来照顾姥姥。

这个时候，姥爷发话了，他说，你们都去干自己的事去，把日用品和需要的东西拿过来，我就在这里住了，陪着老婆子。

大家都不同意，说，医院里太冷，姥爷年纪也大了，自己都照顾不好，哪能顾得了姥姥。

但，终究没有抵得过姥爷的倔脾气，在姥姥的房间里，给姥爷也排了一张床，让他陪着姥姥，妈妈他们就每天抽个时间来看看，帮忙取个药，带点补品。

那时，我刚好放假，便去医院看望姥姥，走到门前，听到姥爷正在给姥姥读着报纸新闻，桌子上，正在炖着红枣银耳粥，清冷的病房里，仿佛因为姥爷的声音，变得暖暖的，也没那么孤单了。

看到我来，姥姥和姥爷都很高兴，放下东西，我就坐在床前陪着姥姥唠嗑。姥爷默默地盛了碗粥，在姥姥胸前铺了几张纸巾，轻轻舀起一勺，放在嘴前吹了吹，然后慢慢地送到姥姥口中，就这样，一口一口，单调的动作，直到整碗粥吃完。

我从未见过这么仔细认真的姥爷，当姥姥全部吃完的时候，我看到姥爷眯起的眼角，柔声地问，还要不要，老婆子。

原来相濡以沫的温柔，真的只是看着你好，我就会笑。

不需要多么甜蜜的辞藻，不需要轰轰烈烈的宣告，就这么简单，真的很好。

4

姥姥出院后，医生建议她平时要多走走，放松心情。

后来，每个傍晚，姥爷都会牵着姥姥的手，慢慢地走，一起看公园的花开，一起看小孩的嬉闹，一起看西下的夕阳。

慢慢走，慢慢看。

从未下过厨的姥爷，开始跟着妈妈学着做些简单的菜式，每天早上，都会早早起来为姥姥准备好早餐和药。姥爷的记性不好，但姥姥那复杂的药，他却记得很清很牢，哪个药什么时候吃，饭前还是饭后，每次吃几颗，这些他总是丝毫不差。

很多时候，很多东西，我们不需要记得那么清楚，那些关于你最爱的人的事情，却永远不会忘记。

这是本能，也是爱。

5

记得去姥姥家，姥姥和姥爷坐在院子里的椅子上晒着太阳，两人紧紧靠在一起，都没有说话。

我默默地站在窗前，看着这么平静的两人，感觉好舒心，很幸福。

忽然姥姥开了口，老头子。

嗯，怎么了？姥爷转过头看了看姥姥。

这些年，嫁给你，真的是我的福气，真的，我不知道我上辈子积了什么德，遇到你这么个好人家。满脸皱纹的姥姥对着姥爷说道。

姥爷没说话，只是拿起姥姥的手，放在手心，轻轻揉了揉。

姥姥接着说，只是难为你了，遇到了我，真的辛苦你了，让你大半辈子没喝过酒，活得不痛快，老了还拖累你照顾我，害你也落得一身病。

那时的姥爷因为年纪大，时常担忧着姥姥的身体，也弄得经常发一些老毛病。

瞎说什么呢，老婆子，能跟你过这一生，才是我最大的幸福，我没什么大的本事，没给过你什么奢侈的生活，还跟着我辛辛苦苦半辈子，老觉得自己亏欠了你，如果有下辈子，我还想让你当我的老婆子，能够一直过着好日子的老婆子。姥爷对着姥姥说道。

站在窗前的我，眼泪流下来。

医生说，姥姥活不过一个月了。

6

终究姥姥和姥爷都走了，姥姥走的第二天，姥爷就走了。

他终究怕姥姥一个人孤单寂寞，不放心她一个人走。

7

曾经看过一部电影，名字叫《恋恋笔记本》。

那时候，姥姥和姥爷都还在，看着诺亚和艾丽感人的爱情故事，当最后诺亚牵着艾丽的手，一起躺在床上永远地闭上了双眼时，眼泪止不住地流。

但那时，只是觉得这只是一个故事，终究是剧本。

后来，经历了姥姥和姥爷的事，看到了人生，

终于相信了所有的情节。

至今犹记得这段话：

我，没有什么特别的，只是一个，有着普通想法的普通人，过着普通的生活，没有人为我立碑著书，歌功颂德，我的名字也将很快被人遗忘。但是在一件事情上，我比任何人都要成功，我全心全意地爱着一个人，而且对我来说，这就足够了。

对呀，我那么普通，遇到一个深爱着的你，已经是天大的幸运了。

你说，你遇到我，辛苦你了。

但你不知道，遇到了你，我该是多么庆幸，我深爱着你，我可以为你放弃所有的习惯，只要我们能幸福，只要能看着你笑，生活就足够美好。

有多少人渴望着美好的爱情，又有多少人在爱情路上伤痕累累，

有多少人曾扬言地老天长，又有多少人半路各奔东西。

其实，爱情需要两个人共同经营，彼此互相深爱，互相心疼，才能相濡以沫，才能在时间的长河里踏过坎坷万重，才能共赏夕阳西下。尘世间最美好的爱情，不过是不向时间低头，携手白头到尽头而已。

总要走一段
黑得看不见尽头的路

每个人，这一生总要走这么段路，路上没有行人，黑得看不见尽头，孤单，彷徨，绝望，没有人知道你有多艰难，也没有谁能够代替你坚强，多难熬都会拖着身子，因为你总想看到那久违的希望。

1

俗话说，人往高处走，水往低处流，活在世间，我们总想看看更远的风景，体验更深层次的精神满足。

可总有特殊的人，有着特殊的原因，凭着青春的一腔热血，却撞破了铁头，疼痛得开不了口。

高中毕业后，常联系的人就寥寥无几，只有那睡过一间房的几个好兄弟，保留着一些交流，但也没有了落俗的交谈，闲暇时间才能一起视频，谈谈近况如何。其实我这三个好兄弟，这些年来的经历都颇带色彩，以后有时间再写给大家看看，今天给大家说说其中一位学霸刘同学。

刘同学是我们几个同学里最有出息的，高中时的班主任曾这么对我们说过。我们几个没有反驳，也觉得事实就是这样，因为那时候的我们认为学习好就是最了不起的事情。

高一下学期的时候，刘同学转到我们班，初来的时候，他很懒散，总爱抱着个篮球满操场乱跑，本来他的成绩还可以，但我们是实验班，每个人都智商不低，谁不努力，终究会成为吊车尾。

有天中午，他抱着个篮球冲进教室，正好撞上了班主任。班主任看着满头大汗的他，想着他的成绩，于是便有了一顿深刻教导，那天晚上他老妈还被喊到了班主任的办公室，第二天，他来到教室，没了篮球，多了很多伤痕。

2

刘同学的老妈是个暴脾气，不像别的阿姨只动动嘴，她能动手的，从来都不会想其他法子，那天刘同学被狠揍了一顿，具体情况，他没说，但伤痕很明显。

开始我们以为这只是小小的插曲，过段时间就会被遗忘，谁知很多时候，成长和成熟都是一瞬间。

高一升高二的暑假，刘同学没出过家门，也没开过QQ，等到高二我们来到学校，才发现他瘦了很多，但那双大眼睛却更加有神。

他还是喜欢篮球，但除了体育课就不再去打了，每到课间总会埋头做着习题，我们都笑他装好学生，他都只是笑笑。

高二上学期的期中考试，他一鸣惊人，拿到了班级第三名，物理和数学都是满分，整个年级都知道了他的名字，而他依然课间低头做练习。

就这样，刘同学从倒数第二排，被班主任调到了第三排，最有利的位置，从此之后，他一直在班级前三名没掉过。

我们那年高考的数学特别难，可以说是有点变态，可考完后，刘同学说还行，稍微有点难度。高考结束后，浙大的招生办联系他，只要他填浙大，专业任意选。

于是，我们几个里，就他最有出息，进了最好的学校。

当全班同学都怀着敬畏的眼神看着刘同学时，他们不知道，高一的那个暑假究竟发生了什么事，在我们每天玩着游戏，到处旅游的时候，在那个狭小的房间里，那个孤独的背影究竟做了什么。

他从未对其他人说过什么，只对我们几个说了句，太艰难，太痛苦，太难熬，然后便轻轻一笑。

3

本科快毕业，在出国、保研和工作的选项中，刘同学选择了找工作，我们几个知道他是为了那个从高中一直处着的异地女友，便选择了到她的城市里工作。

因为她女友是学医的，本硕连读，他想提前去找份工作，安顿好再和女友一起生活。合同都签好了，年薪也有十几万，挺不错的待遇。

可计划永远赶不上变化，他家里终究是不想让他随便找个工作，但又错过了保研和出国的机会，于是他选择了考研，在不到两个多月的时间里，他匆忙备考。

结果可想而知，连浙大的本专业都没有调剂过来。

后来便断了联系，直到去年考研的时候，我才知道他进行了二战，结果也没有告诉我们，前段时间哥几个聊天的时候，他才说出他现在读研的学校，名字我都很少听过。

后来我跟他单独聊了很久，长时间的没联系，都会从身边的琐事，自己的近况开始交谈，他也慢慢说出这一年多来的经历。

从第一次的考研失败后，原本他想找份工作的，但是家里让他继续考，于是他一边帮着自己店的生意，一边准备着考研，他本是一个自尊心很强的人，考研落榜后也不想跟别人说，怕丢面子，只能默默地准备着继续二战。

还是那个房间，他说，曾经暑假给了他无尽的黑暗，又带给他无限荣光的房间，这里，再次成了他的蜕变之路，可这一次，命运女神却没眷顾他。

退而求次，他选了一个专业排名还不错的学校，进行了调剂。

我问他，你后悔么，觉得这段路走得值么？

他很久后回复了我句，我挺后悔的，但这段路对我依旧价值连城，这段看不见任何方向的路，我终究是走了过来，值了！

4

傅园慧说自己训练的那段日子里，快要死去了，那段洒过无尽泪水受过无尽折磨的日子，我们都没看到，都不知道，不知道她究竟走过了怎样的黑暗。

当女排夺冠的那瞬间，自己也是热泪盈眶，有些人真的太不容易，可以说太难得了，多少孤独和血泪，才铸就一瞬间的辉煌。

世间有时太不公平，只看到成功者耀眼的光辉，却从来不闻不问荣耀背后的磨难，而这些看起来又如此公正，你只有经历了绝望，站在了最高点，才能享受世人绝美的称赞。

这些年来，我一直钦佩着刘同学，觉得他真的是我们几个里最有出息的，不论如今名就功成几何，至少这些年，他迎着挑战走过了最彷徨的黑暗。

我想我们也总会要走这些路，这些难走的泥泞，真的会令人彷徨绝望，看不到希望，但时间的水，终究是在流淌，咬碎了牙，也别辜负自己的倔强。

太黑，一定会有曙光，太艰难，也终究是有方向，我从来不觉得平凡的你我有多脆弱，怕就怕，你在半路就丢下自己，远走他方。

找个愿意吃你剩饭的男人

1

小妃失恋了，哭得像个泪人，眼睛红肿，头发散乱，神智都有点不清楚的样子。

她一边哭，一边向我倾诉，“为什么我这么爱他，他还要离开我，他说过会娶我，会喜欢我一辈子的，怎么说过的誓言，脆弱得像块泡沫？”

看着那么憔悴的她，我心里十分心疼，一个活泼开朗的女生，为情所伤，竟也是这般无助，爱情啊，能够在黑夜里给你带来温暖，也能够在不经意间送你下万丈深渊。

哭了很久，也许累了，也许倦了，小妃眯着朦胧的双眼，转过头问我，“究竟找个什么样的男人，才最可靠，最不会被伤害？”

她这突然的一问，我一下子怔住了，本想说些语重心长的大道理，说些家长前辈们挂在嘴边的“好男人”，最后还是没发出声。

良久，我说了句，“有没有遇到过愿意吃你剩饭的男人？”

2

小妃直直地看着我，最终说了句，“没有。”

窗外的天色暗了下来，街边的路灯一排排亮了起来，昏黄的灯光，照得整片大地都是暖暖的。

“我给你说个故事吧。”抿了口茶，我柔声地说道。

有个姑娘，刚至碧玉年华，家里便安排她和一个小伙见面，老街的破工厂前，姑娘和小伙第一次见面，看着面前憨厚的男生，姑娘知道这是家里给自己介绍相亲的对象。

那个年代，父母之命，媒妁之言，很多事情都由不得自己。

其实姑娘对小伙的印象不是很好，感觉他太痴呆了，一张国字脸上很难看到褶皱，破旧的衬衫，胡茬布满了整个下巴，花季少女的心里，都会有一个英俊帅气的王子，而小伙的形象真的跟王子沾不上边。

那个年代穷，小伙也穷，穷就意味着小伙不能满足姑娘很多物质上的需求，每次小伙约姑娘出来的时候，总是带她去看集市上新奇的东西，那些橱窗里的光鲜，都只能看看，累了便领着姑娘去街边的小馆子吃点东西。

姑娘家境不富裕，但也不清寒，而且姑娘从小就有一个坏毛病，在她吃饭的时候，总爱剩下点，以前父母就经常教育她要颗粒皆珍惜，为此她还受过皮肉之痛，但终究是没改过来。

在家里的话，父母看到姑娘有剩饭，便自己吃掉，反正是自己的女儿，又没什么关系，可除了父母之外，姑娘没想到，小伙竟然是第一个吃她剩饭的人。

3

就在两人处了几个月后，一次小伙和姑娘一起在餐馆吃饭，没一会儿姑娘就饱了，剩下半碗米饭，便不再动筷子。

小伙看着对面的姑娘，问了声，“吃饱了？”姑娘回道，“嗯，饱了，吃不下了。”小伙默默嗯了声，然后把姑娘的半碗饭拿到身前，吭哧吭哧地吃了起来，吃完后，抹了抹嘴，喊上姑娘一同离开。

走在回去的路上，姑娘忍不住开口道，“不好意思，我从小就落下的毛病，爱剩饭，如果你嫌我浪费，下次我一定会让老板少盛点。”姑娘以为小伙是嫌自己浪费，珍惜粮食才吃掉她的剩饭的。

谁知呆呆的小伙说，“哦，我知道你这个小毛病，很早就发现了，没关系的，你以后还是照常点饭，我不是嫌浪费才吃剩饭，是觉得这是你的剩饭才吃的，想着以后过日子，这种事肯定少不了。”小伙一边摸着头，一边羞涩地说了出来。

姑娘听到小伙的回答，前行的身子顿了顿，看着憨厚的小伙，忽然觉得，原来他挺好的，破旧的路灯下，他的影子被拉得很长，“嗯，来日方长，谢谢你的不嫌弃。”姑娘轻轻地说道。

后来，姑娘嫁给了小伙，开始的时候，日子一直过得紧巴巴的，没有享过什么福，后来时代变迁，生活质量越来越好，小伙也一直勤奋地工作着，他们的家庭也越来越幸福，多年后，他们有了自己的孩子，甚至还有了可爱的外孙女。

4

故事讲完了，小妃也止住了哭声，窗外的夜空里，有几颗扑闪扑闪的星星，她望着窗外出神道，真好，姑娘遇到了小伙，真好，爱情能够幸福。

几年前，我曾坐在老妈身边，嚷嚷着让她给我讲她和老爸的故事，因为打从我懂事以来，就没见过她和老爸发生大的争吵，偶尔的拌嘴，也是隔天就烟消云散，很羡慕他们的爱情，想问问有什么“秘方”。

于是老妈娓娓地讲了上面的故事，那个爱剩饭的姑娘就是她，那个憨厚的小伙就是老爸，直到现在老妈依然会偶尔剩饭，很少，但每次老爸都会端起她的碗，或直接上嘴，或倒进自己的碗里，总会吃完老妈的剩饭，然后念叨着，这么大岁数的人，还像个小孩样。

年纪小的时候不懂，觉得老妈是个淘气鬼，老爸是个贪吃鬼，后来长大了才知道，这半碗剩饭里，是将近半个世纪的爱情，最深的爱，最浓的情。原来老妈只是老爸的专属淘气鬼，老爸也只是属于老妈的贪吃鬼，彼此相依，便是一生。

老妈说，开始的时候我真的有点看不上你爸，木头一样，没钱又不帅，但相处一段时间下来，发现他总是照顾着我的小脾气，我的胡闹，我的刁蛮，我的任性，他都看在眼里，默默地包容着我，相爱是一辈子的事，认定了就是一生，当他拿起我的剩饭时，便是将我的一生扛在了肩上，以后的路，多苦多累，他都愿意陪着我走。

而事实证明，老妈的选择是正确的，老爸的一生里，始终带着她一直前行，为她遮风挡雨，为她奔波拼命，为她吃掉所有的剩饭。

为她做一切能做的事，也只为她！

5

很多女孩会问，究竟我该找个怎样的男人，才能相伴终生，幸福走下去，是有钱有势的，是英俊貌美的，是才华横溢的，还是体贴细心的？

其实这些东西都不是最重要的，你只要看这个男人，看他是否打算陪你走下去，是否把你列为人生路上不可缺少的存在，不要看起来梦幻美好的誓言，也无需深情的告白，有时候，一碗剩饭就足够了。

剩饭不仅仅是剩饭，它是你的缺点，你的不足，你的陋习，你的不美好一面，是最真实的你，如果有个男人，跟你相处后，在吃饭时看到你剩饭了，不是责怪你习惯不好，不是让你下次注意，不是说你浪费粮食，而是愿意帮你吃掉剩饭，我想这个男人就该是你想要找的人。

爱情需要包容，需要理解，更需要彼此深爱，我爱你，不仅仅是你的美，你的优秀，你的善良，同时我也喜欢那个爱发脾气的你，那个爱哭的你，那个爱剩饭的你，接受得了你多优秀，就体谅得了你多不堪，爱情是这样，生活也是这样。

如果可以，找个愿意吃你剩饭的男人，那个真心爱你的，一生伴你的他。

辗转之后，各安天命

很久之后的现在，我才知道，曾经历过的欢喜离合，不过是各自的天命，逆不得，也成全不了。

1

趁着年轻的时候，我们总该做几场梦，那里有最撕心裂肺的疼痛，那里有最浸润人心的甜蜜，那里有全世界最重要的秘密，那里有荒草萋萋的坟墓。

梦醒了，被埋葬，被遗忘，被怀念，最后被掩藏，在心底，在大脑最深的沟壑里，一切如风似酒，待多年后斟酌回想。

姑娘今天忽然给我发了条消息，莫名震颤，往上一翻，最近的聊天记录是三个多月之前，原来故事里一句多年后，真的就是很多年之后。

还是会莫名颤抖，还是会心跳漏一拍，还是会瞬间想起很多。

我们总以为自己在社会里穿上了厚厚的铠甲，自以为刀枪不入，自以为已经麻木，可还是有致命的弱点，轻轻一戳，便丢盔弃甲，狼狈不堪。

终究，过不去的还是自己。

2

姑娘分享了一首歌，《化身孤岛的鲸》。并问道，最近过得怎么样？

我点开了分享，很好听的歌，回了句，好听。

没有去描述近来的状况，我知道这不过是最能缓解尴尬的开场白，其实很想说一下最近的状况，很忙很累，生病了还在调养中，还得帮导师做着项目，杭州最近天气很好，午后的西湖泛着绚烂的银光，音乐喷泉还是一如既往的美妙，发现银泰里又开了一家新店，你一定会很喜欢……还有，最近你还好么？

想说的话好多好多，最后竟成了无言。没有必要赘述近来的琐碎，你的天空里看不到我许下心愿的流星，我周围的空气里也没有拂过你发梢的轻风，说得多了反而不够洒脱，彼此记忆中的样子从来都是那么深刻，不去打扰，挺好。

其实最狠的相遇，不过是久别重逢罢了。

想说，不能说，想问，没必要再问。

3

其实，再往上翻，估计两人的聊天记录是微信里最占空间的一个了。

那时候，遇到了什么好玩好看的都会拍照发给彼此，即使没有一起看的烟火，发了照片也算一起经历过了，那时候彼此都太啰嗦矫情，一点点小事都会相互抱怨着，然后两人狼狈为奸地站在一条战线共同指责着别人，最后会心一笑，便相约去吃顿好的，那时候，每天都会有长长的聊天记录，那时候仿佛有说不完的话。

可最陌生的都曾是最熟悉的，陌生的名字，陌生的面孔，陌生的聊天框，陌生的问候……谁又曾想过会如此，谁又曾不后悔难过呢。

她说，工作不忙，但气氛压抑，性格都变了好多。

我说，我变胖了很多，也慢慢地在变成熟。

她毕业后应着家里的要求，去了政府部门工作，事不多，但整个办公室里基本都是孩子跟她差不多大的中年人，本来就很无聊的工作，压抑的气氛确实有点让人受不了。

她曾说她爱画画，爱唱歌，以后要去好多地方看尽最美的风景，去最古色的酒吧里唱尽世间的冷暖温柔，会遇到她深爱的人，会有深爱她的人，我以为会这样，会一起很久很久。

我毕业之后继续读研，在方寸之间开始了新的学习，周围的环境跟以前差别很大，从来都是得过且过的自己，也不得不逼着自己努力前行，见过校园凌晨的阳光，也看过深夜里刺骨的寒风，熬夜赶项目也越来越平常。

我喜欢静谧的日子，在小小的地方赚过整个家庭的生活费，安逸地过着简单的小生活，有小喵小汪和小胖娃娃就很好了，没必要过得太赶，太累，太辛苦。

可后来的故事，除了上帝，谁也不知道。

4

曾几何时，我们会为着心中的执拗而彼此坚持，相遇相识，离别再见，有多开心，有多心痛。我们会感慨着生活的艰难，会抱怨着自己的愚昧，会喝最烈的酒，唱最深情的歌，会深夜独自哭泣。

那些梦，那些两个人的希望，终究被生活，被时间，被距离，切割得支离破碎，扎手，刺心，也模糊了回忆，成全了曾经。

可是，有时候，最廉价的不过回忆，多情的人视若珍宝，苦苦守护，不过哭红了双眼。

我们会转身，众生坎壈，兜转之间便又是一番风景，辗转之后，便各安天命，曾怀念的，曾拥有的，曾失去的，曾追求的，抵不过命，耐不过缘。

是命，是缘，是命中无缘。

“你与太阳挥手，也同海鸥问候，陪我爱天爱地的四处风流。

你的指尖轻柔，抚摸过我所有风浪冲撞出的丑陋疮口。

你眼中有春与秋，胜过我见过爱过的一切山川与河流……”

因为你，
我努力成为更好的自己

你努力盛开，花瓣再微弱，也准备了一整个冬天，总有人路过树下，为你倾心。

1

小美要结婚了，寄来的喜帖上，一对新人的名字如此般配，那个曾离她一亿光年的身影，终究被她挽起了臂弯，偕老白头。

小美以前并不美，像无数个宅女一般，微胖的身材，黑框眼镜，喜欢无节制地吃着自己钟爱的美食，喜欢没事窝在寝室整天整天看韩剧，喜欢幻想，喜欢简单。

初次见面的时候，小美背着黑白相间的帆布书包，柔柔弱弱地轻声说道，大家好，我叫林小美，你们可以喊我小美，以后多多指教。很普通的介绍，加上更加普通的外貌，转眼间变成了记忆中很难记起的其他人。

现实就是这样，当我们面对彼此不熟的陌生人时，总是通过自己的眼睛决定大脑，所以那些颜值高、气质佳的人总能成为视线聚焦的地方，总会被人深深记牢，得天独厚。

可每个人真正的魅力，那藏在骨子里的美好，需要经过长久的相处才能发掘，需要经过时间慢慢的沉淀。

所以后来和小美成了好朋友，才发现她是一个特别善良简单的女孩，不计较小事，对朋友仗义，能够陪你享乐，更能伴你吃苦。

2

原本我以为小美会像很多学生一样，按时修完学分，完成论文，最后顺利地毕业，她也曾这么对我说过，希望自己的大学能够简单度过。

可一个叫叶枫的男孩，改变了小美后来的生活。

那个夕阳斜下的傍晚，小美被我们拉着一起去逛校园，夏末的微风，带着江水的潮湿，有点淡淡的青草香。

我们闲步在校园里，往来的学生，朝气蓬勃的模样。我们一边享受着静谧的时光，一边交谈着琐碎的趣事，正当我们沉浸在这种轻松的节奏里，一个绿色的网球打乱了难得的美好。

一个戴着棒球帽的高高帅帅的男孩，从旁边的网球场里跑了出来，额头浸满了大汗，来到我们跟前，用手摸着后脑勺，双颊微红，尴尬地冲着我们说对不起。然后看着被网球弹到的小美，问道有没有受伤，声音很好听，语气也是很温柔的那种。

我们几个没有受到什么影响，就是靠近网球场这边的小美被飞出的网球弹到了身子，面对跟前帅气男孩的询问，小美那巨大的黑框眼镜下的脸颊竟微微泛红。

没事，没什么关系的。低着头，小美用比平时更小的声音说了句。

那就好，真的抱歉了，没想到球会飞出来，对不起啦。男孩再次表达了自己的歉意，然后从小美手里接过网球。

我叫叶枫，是建筑系大二的学生，如果有机会，以后请你们吃饭，当作赔偿。最后男孩转身走向球场时，向我们说道。

好的，什么时候我们有空就去找你蹭饭，我们也是大二的，都是管理系。朋友小雨开玩笑地回道。

小小的插曲之后，我们继续乘着夕阳，欣赏着校园的美景，只是在离开的时候，小美的眼睛定格在远去的背影很久。

世事无常，你从来不知道什么人会在何时出现在你的生命里，行客匆匆，擦肩而过里我们彼此微笑，可总会有那么个人，出现了，便余生纠缠不清。

有人说这是缘分，是命运操纵着手里的提线，隔着时间和空间，相聚了彼此，才能有后来的故事。

3

那天之后，小美开始了一段崭新的生活，带着坚定的信念，告别了过去。

戒掉了多年的起床气，早早地去操场晨跑，等室友起床时，已经带回了热乎乎的早餐，大家纷纷好奇道小美为何起得这么早，她一边吹着湿漉漉的头发，一边说道，我想变得更好。

众人一阵莫名，还以为小美受了什么刺激，都劝诫道生活总是美好的，没有什么坎坷是过不去的，惹得小美一番白眼！转身去吃买来的白粥，懒得理这些人。

我想要变得更好，有多少人曾自我鼓励过，我要早睡早起，我要多多运动，我要看更多的书，戒掉曾经的坏习惯……我们都曾想过，可又有多少人真正地改变过呢？这个过程太痛苦，需要的不止你一腔热血，更多的是长久的坚持。

原本大家都以为小美只是随便说说，过段时间，又会变成那个宅宅的女生，可总有些事情是在意料之外的。

后来的小美真的彻底改变了，自己那杂乱的寝室被收拾得干净整洁，每天按时运动，空闲的时候就去图书馆，还报了一个古筝的培训班，双休日的时候会一个人去市区学古筝。

就这样，一天两天，一个星期两个星期，一直到我们毕业。

临近毕业，每个大四的学生总会颇多感慨，有不舍，有慌张，有遗憾，有希望。时间兜兜转转，我们都会不停前行，一段旅程的结束，代表着新的旅途的开始。

这个时候的小美，真的成了一个真正的美人儿，两年来的运动让她保持着最苗条的身材，古筝的培训为她增添了一份典雅的气质，读了很多书眼界也比常人更开阔，早就摘掉了大黑框眼镜，露出了那张精致的面容。

我们知道，这几年来，小美有多努力，在我们享受着安逸的大学生活时，她选择了那条艰难的路，丢掉了喜欢的韩剧和淘宝，戒掉了每天的晚睡和晚起，在唯一空闲的双休，还来回市区和学校上着古筝的培训。

很多人都夸赞小美变漂亮、有气质了，可很少有人知道这更好的自己是付出了多少难舍的东西才换来的。

等到毕业的时候，小美跟我们说她要去北京工作，同时告诉了我们一个震惊的消息，她的男朋友也会去北京。

男朋友？我们一脸懵。

原来她口中的男朋友就是那个曾打球弹到她的叶枫，原来那天之后，小美一直在偷偷关注着这个男孩，叶枫真的很优秀，爱运动爱读书，成绩也是建筑系里拔尖的存在，小美知道两人的差距，可没有想过放弃。

终于在某天晨跑的时候，两人相遇，叶枫还记得小美，于是两人成了晨跑的好伙伴，慢慢地两人会一起去图书馆，去听一些教授的讲座，叶枫会弹吉他，弹得很不错，小美说她在学古筝，等学好了第一个弹给他听，叶枫笑着说好。

就这样，两人在彼此的领域里不断前进，又一起在前进的道路上一直变好，彼此互相爱慕，但都未出言说破，一直到毕业，到两人岔路的交口。

4

听到小美的回答，我们才蓦然惊醒，原来小美为了叶枫才想要成为更好的自己，还好，两人终于在一起了，真好，两人都成为了更好的自己。

直到很久之后，自己会写很多感情文，有人问我，究竟爱情真正的模样该是怎样？我曾写过，最好的爱情是能打败时间，爱情真正的美好更是在能让彼此成为更好的自己。

心里住了个人，脚步便重了很多，不再那么随意地迈着步子，每一步都想朝着更好的目标前进，这样才能在更短的时间遇到魂牵梦绕的那个人。

感谢你，让我在半路上遇见，因为你，我努力变成更好的自己，这样，余生的日子里你我才能长久相随，才能有偕老白头的期盼。

曾听过这样的一句话，一入夜盛开的，是你不知情的喜欢，一转身记载的，是你未发觉的离散，从动心开始，付出即是偿还。

我相信爱情，我相信你，所以我也相信着自己！

欣于所遇，只若初见

以前总以为，人生最美好的是相遇，可很久后才明白，其实最难得的是重逢。

1

这座城市，从东至西横跨了3路公交，44站的距离，很大很拥挤，车水马龙中千万个脚步永不停息，高楼林立里万千个身影匆匆而过，遇见本就很幸运，重逢更是太难得。

周末的天气很棒，晴空万里，阳光也晒得人阵阵暖意。

“一杯美式咖啡，加冰。”停好车的周诺，一边接着电话，一边推开咖啡店的门，报出自己想喝的咖啡，便匆忙走向靠窗的台座。

“李总，明天晚上我肯定去，到时咱们不醉不归！唉，好的，就这样说定了。”在周诺忙着通话时，一位长发女子推门走进了咖啡店。

“你好，两杯美式咖啡，一杯加冰，另一杯打包带走。”付过钱，长发女子便径直走向窗边的台座。在等咖啡的时候，女子听到耳边传来了熟悉的声音，那曾陪自己走过千百个日夜的身影突然浮上心间，太熟悉，又太陌生。

结束和李总通话的周诺，收起手机，窗外的阳光透过玻璃洒满了整张面庞，伸了个懒腰，转个头，忽然定住了脖子。

“你好，没想到会在这里再见到你，好久不见。”

2

周诺从没想过能再见到林熙，虽然曾在无数个失眠的夜里，脑海中都是她的画面，可时间终究太无情，活下去，一切都会抚平，哪怕再痛再深再难过。

所以，当周诺看到林熙时，竟慌张得说不出话来，千言万语只化作了一句好久不见。

周诺很紧张，也很激动，耳根处一片通红。

“好久不见呀。”林熙看着旁边的周诺，心间也是无限翻滚，那个记忆里最深刻的身影突然出现在眼前，恍如隔世。

“我最近过得还不错，就是一直在忙，你过得还好吗，听说你下个月要结婚了？”周诺开口说起自己的近况，并问到让自己窒息的那个问题。

林熙看到周诺红了的耳根，知道他有点紧张，原来这个毛病这些年还没改呀。

“嗯，下个月就结婚了。”对视着周诺的双眼，林熙轻声说道。

“那恭喜呀，真高兴你能找到爱你的人，真好……”扯着嘴角，周诺也轻轻地回道。

“小姐，这是您点的咖啡。”正当周诺和林熙说话时，咖啡店的服务员送上了林熙点的咖啡。

“我的咖啡好了，那我就先走了。”林熙提着咖啡，起身准备离开。

“我车在旁边，我送你吧。”周诺一边说一边起身。

“不用麻烦了，我自己打车就好。”林熙委婉地回道。

“这边不好打车，刚好我没事，就坐我车吧。”周诺坚定了语气。

“那……谢谢你了。”林熙微笑地回道。

谢谢这个词，很多时候充满了无尽的温柔和笑容，而有时候却是一条跨不过的深渊，一句谢谢你，宛若天河，太疼痛，也太沉重。

“不客气。”周诺拿起服务员准备递上的咖啡，转身走出门外。

3

周末的路上很堵，每个路口车子都排成长龙。

“你还是买了这辆车呀。”坐在副驾驶的林熙，趁着等红绿灯的间口，便和周诺聊了起来。

“嗯，后来创业有点起色，便狠狠心买了下来。”周诺回道。

接着两人便陷入了沉默，有时候不说话可能不是因为没话说，恰恰相反，想说的东西太多，反而开不了口。

无声里，周诺的电话铃声响了起来。

“嗯，等下我就过去接你，好，乖，亲爱的。”

看着挂了电话的周诺，林熙出声道：“你女朋友吗？”

“不，我未婚妻，一个多月后就结婚。”周诺回道。

“哦。”莫名地，林熙的心房被狠狠地重击了一下，说不出的难过，转过头看着窗外，眼里有泪水在打转。

风吹进车窗，阳光也格外柔软，思绪浸着泪水便不自觉地飘向了远方。

那几年，林熙和周诺恋爱。

那还是学生时代，大学里总要用一场恋爱来祭奠逝去的青春。那时候周诺还留着浅浅的刘海，那时候林熙还是个大大咧咧的傻姑娘，那时候天很蓝，云很白。

其实周围的同学挺不看好他们两个的，因为林熙自幼家里比较殷实，过的日子简单而美好，而周诺则是个什么都没有的穷小子，关键人还不帅，所以大家觉得周诺挺配不上林熙的。

可林熙就是喜欢着周诺。

她陪他双休日去快餐店做兼职，陪他吃最廉价的麻辣烫，喝快过期的牛奶，坐最后一班公交车，听最后一排的演唱会。那些日子很艰难，但他们却非常快乐。

记得第一次拿到兼职的钱时，林熙去学校旁边的咖啡店里买了两杯咖啡，最便宜的美式咖啡，加冰，涩涩的咖啡味侵占着味蕾，可心里却抹了蜜般甜。

坐在周诺的自行车后座回学校时，林熙心中无限满足，紧紧搂着周诺的腰，后边的宝马车使劲按着喇叭，示意他们靠边让道，看着身旁飞驰而过的车子，周诺刹住了车，转过头对着林熙说：“林熙，我以后一定会把全世界最好的东西都给你，不让你受一分委屈。”

那天，林熙第一次在周诺面前哭，停不下来的那种！

后来，周诺依旧一直努力，他想要有钱，想要给林熙幸福的未来，可社会和生活从来都不会对哪个人心软，无数次前进，无数次失败，多少个冰冷的夜里，周诺都在偷偷地流泪，他真的努力过了，可命运就是不给他机会，他连自己都照顾不了，他爱不了林熙。

就这样偏执地提出了分手，让这个曾许诺不会让她受一分委屈的姑娘心碎悲伤，就这样没有回头，没有挽留曾陪他吃过那么多苦的姑娘。

爱情这个东西，太伤人。

4

“嘀，嘀，嘀嘀嘀……”在后边车子催促的喇叭声里，周诺启动了他的车子。

林熙的思绪也被拉到了现实，看着左手边的周诺，后视镜里那张熟悉的面庞，熟悉而又陌生，你终究成了别人的丈夫，我也做了他人的新娘。

到了目的地，林熙解开安全带，走下了车，关上车门，向驾驶座的周诺挥手道别。

“谢谢你送我，下次再见，路上要小心哦。”林熙说道。

“嗯，再见了。”周诺也挥手告别。

转过身，林熙向远方走去，周诺的汽车也缓缓前行。

外面，背身的林熙瞬间泪如雨下，两行泪水顺着脸颊止不住地下流，伸手擦了擦，很咸很咸，周诺，陪你走过漫长马拉松的那个人是我，而等在终点的却是别人！开始我们没有分手该有多好。

车里，看着倒车镜里越来越远的背影，周诺也咬着牙流出泪，他没哭出声，很多年都没有哭过了，分手后，即使再艰难，再难熬的日子他都咬碎了牙走了过来，可看到林熙还是难过得想哭。

欢笑仍如昨，今却孤影忆花繁。

彼时初执手，夏雾郁郁湿衣衫。

人生啊，人生，人生若只如初见，该多好！

喜欢过你，
真的很难再去喜欢别人了

或许我们一生会喜欢很多个人，但也许只有一个会让你笑得最辉煌，哭得最伤感。

那是你拼尽全力也要成就的美好，那是你永远的得不到。

1

记忆中喜欢的爱情电影没有几部，而印象最深，看得次数最多的就数《那些年，我们一起追的女孩》，感觉那一幕幕，都是自己的青春。

至今仍旧不能忘怀的镜头是，在地震时，柯景腾第一时间拿着手机，翻过铁门，奔跑到空旷的大街，只为了能找到一个有信号的地方，当电话接通的那瞬间，心里感动得一塌糊涂。

当你真正地喜欢过一个人，她的身影就是你的全世界，在最危险的时候，你肯定第一时间想到的是她的安危，慌乱无措的自己，听到她传来的温柔回应时，你会咧着嘴笑得跟个孩子般，仿佛全世界都温暖了。

那些年，柯景腾为了靠近沈佳宜赌上了整个青春，想要把自己最好的全部都给她，只要沈佳宜想要，只要柯景腾能有。

沈佳宜对柯景腾说，我觉得阿和不够喜欢我，被你喜欢过，很难觉得别人有那么喜欢我。

其实，爱情真的是两个人的事，喜欢，也不是一个人能够完成的。

错过了沈佳宜，柯景腾又何尝有那么喜欢过别人呢？

2

我一好哥们，人长得不错，毕业后在上海一家银行上班，经济条件也不差，已经到了而立之年，但仍旧单身一人，潇洒的外表下，有着抖不完的落寞。

每次跟他聊天时，我都问有没有女朋友，他总是一贯地回道，还早呢，不着急，也没遇到合适喜欢的。就这样，这句话拖过了整整三年。

在大学的时候，其实他谈过一段恋爱，当时每天都跟我吵吵着女朋友有多好，不停地夸赞着那姑娘，看得出来，他确实非常喜欢，也打心眼里想跟姑娘走下去，因为他曾偷偷跟我说过，毕业后找到稳定工作就跟姑娘求婚，可终究是事与愿违。

哥们家是陕西的，说实话，家里的条件不怎么样，但他自己争气，高考的时候分数很高，进了大学能够选自己想学的专业，还年年都有奖学金，不用家里一分钱去交学费。

他在大二的时候，遇到了姑娘，也就是他后来的女朋友。两人在一次英语口语比赛中认识的，当时哥们拿了一等奖，姑娘是二等奖，比赛结束后，姑娘主动和哥们说话，说很佩服哥们的口语能力，留了个联系方式好以后交流学习。

就这样，姑娘走进了哥们的生活，从此他的人生里多了一位特殊的人。

3

姑娘人很漂亮，穿着的衣服也每天都精心搭配过，哥们每次见她，都仿佛跟小明星一起，姑娘也爱学习，是英语系的高材生，但是数学不好，所以每次快期末的时候，都是哥们帮她渡过难关。

他们经常一起去学校的图书馆，当他给姑娘讲解问题时，姑娘总会偏过头看着他，他便一阵脸红，姑娘便轻轻一笑。

两人就自然而然地成了男女朋友，也不记得当初是谁先提出的。

讲真的，跟姑娘在一起，哥们是有点小小的自卑，但是却从未退却。他知道自己现在不能给姑娘物质上的满足，但慢慢地总会有的，他喜欢姑娘，用心用情，把能够做到的最好，都给了她。

他知道姑娘喜欢旅游，便攒了几个月的兼职，带姑娘去了想去的西塘和乌镇；知道姑娘经常手脚冰凉，便向身边的医学朋友求助，甚至找来了著名老中医的单方；他知道姑娘不爱吃辣，不吃葱，每次出去吃饭和聚餐的时候，都会特意地点些清淡的菜。

他说喜欢一个人，不仅仅是口头上的宣告，更要深入到生活的细节，最后的爱恋，都会体现在那最容易忽视的小举动里。

那段时间，姑娘成了他生活中最重要的部分，胜过学习，胜过所有的一切。

两人在大四的时候，终究是走到了人生的岔口。姑娘一脸迷茫地跟他说，家里安排了自己去英国留学，可能要待三年。

他强忍着难受说，没关系，距离不是问题，只要彼此相爱，就都会解决的。

姑娘哭着搂着他，说，环境变了，一切都会变的。

还没毕业，姑娘就飞去了伦敦。而哥们发了疯地学习着，每天都往图书馆跑，没日没夜地看着书。后来我们才知道，原来学校里有一个公费出国的名额，正好是到英国交流的，可最后，哥们还是没有被选上。

很多时候，我们怪命运太可恶，总爱曲折离奇，可回头想想，经历的种种，不都是自己的人生吗？

4

哥们后来到各大银行去实习，在毕业前，投了很多简历，最终被上海的一所银行录用了。

他自身能力本来就强，又是学金融管理这一块，很快便在银行里有了业绩，工资和职位也都涨了不少。

上海太大，人太多，上班的时候太拥挤，下班的时候太夜深。哥们一直在这座陌生的城市拼搏着，他说，姑娘是上海人，总会回家的。

三年过去了，也许姑娘会回家，可再也没有回到哥们身边。

哥们总说不急，总说还年轻，我们都知道，他心里住着个人，那个让他奋不顾身喜欢着的人，忘不了，戒不掉，魂牵梦绕了很久，也很难再去喜欢别人了。

每个人的一生，至少都应该拥有一次，为了某个人而忘了自己，不求有结果，不求曾经拥有，甚至不求你喜欢我，只是，在最美好的年华里，遇上你。

但，遇上那个你后，仿佛用完了毕生的欢喜。累了，倦了，再也没有觉得那么喜欢别人了……

世界变化不停，

人潮川流不息，

我只想每个落日，

身边都有你。

我爱你是真心话，

告诉你是大冒险

有些傻话，不但是要背着人说，还得背着自己。让自己听见了也怪难为情的，譬如说，我爱你，一辈子爱着你。

1

很多时候，我都在悄悄问自己，究竟青春的价值在哪里，抑或说青春的魅力有哪些?

后来，当自己走过那段柠檬般酸涩的年纪，才在某个雨落花凋的午后发现，原来，青春就是遗憾，无可替代的遗憾感，铸就了耿耿于怀的花样年华。

凋残的花朵，从未埋怨过雨的无情，只是遗憾没陪风看最后的日落。

而年少的我们也从不觉得岁月无情，只是遗憾没和你一直走到最后。

爱情，终究是两个人的事，与你无关的，一直都是我爱你罢了。

2

前几天杭州一直细雨蒙蒙，周末的午后，静谧的时光不想轻易地辜负，于是便约出了刚回家的好友。

街角的咖啡店里，适合浪费整个下午。

点了杯她最爱的拿铁，两人坐在靠窗的桌前，便唠起了琐碎生活。小雪在上海工作，上海离杭州近，动车几个小时就到了，至于为什么非要去上海，当时执拗的她也没有给我们答案。

工作都还好吧。我随意地问了句，因为彼此熟悉，所以很多日常的问候就显得没那么重要，真正的好朋友往往是无须太多礼节的，因为彼此间的感应，从见到的第一眼便能知晓近况。

嗯，挺好。小雪喝了杯咖啡，随意回了声。

而后两人都彼此静默，看着玻璃窗上滑下的雨珠，一条条浅浅的痕迹，仿佛告示着，这里曾经它们走过，只是等雨停，微风或烈日便将一切轻易地抹去，干净利索。

这段时间杭州在举办G20，前几天才结束，才让我们这些普通人恢复了普通的生活，而那一张张充满朝气的笑脸，也开始了自己的大学生涯。

开学了，新生们怀着无限憧憬走进校园。

咖啡店旁边就是大学城，所以这里的顾客大部分都是学生，路边的行人来往，也都是青涩稚气的脸庞。

时间总在平凡中流逝得飞快，在你来不及追忆的时候，便成了回不去的往昔。

望着窗外出神的小雪，视线的焦距里，一个高高瘦瘦的男生搂着身边女孩的肩，右手撑着伞，可伞一直向左倾斜，便湿了大片衬衫，等红灯变绿，两人便走到对面，消失在人群。

怎么了，怀念以前上学的日子了？我调侃地说道。

是呀，感觉越成熟越恋旧，扯了扯嘴角，小雪低头用勺子画着圈。

注视着对面的小雪，发现她真的变了很多，不再那么稚气简单，成熟的眉梢里浸染了岁月的痕印。

时间会改变很多东西，但同时会让很多东西变得更深刻。

3

我们本科的大学就在这边的大学城里，那时候这家咖啡厅还没开，等我们大三的时候，才开始营业的。

第一次和小雪他们几个来这里，是因为小雪拿了奖学金，说要请我们好好high一下，吃完了丰盛的午餐，大家便一起到这家咖啡厅休息，玩玩棋牌，手游，喝着各自喜欢的咖啡。

年轻时的欢喜是真的简单，有人提议玩真心话大冒险，便一群人响应。

玩的是那时很流行的报数字，一个人当主持，在手机上打出一个1—100的数字，其他的人依次报数，然后选取新的区间继续下去，直到有人踩到地雷，便接受真心话大冒险的惩罚。

其实，每个玩真心话大冒险的人心里都会非常矛盾，既不想接受惩罚，又微微地有点期待，期待那个说出自己秘密的机会，期待做出那件自己一直想做又不敢做的事情。

这就是游戏的魅力，也是青春里独有的美好。

一番游戏下来，每个人都受到了惩罚，有说真心话的，也有玩大冒险的，当别人踩雷的时候，其他的人都会跟着起哄，喧嚣着来点刺激的惩罚。

而懵懂幼稚的少年，首先拥有的便是对别人的私生活的好奇心，初恋几岁，和女朋友做过最亲密的事情是什么，有没有开过房，诸如此类，每次都是乐此不彼。

很清楚地记得，当小雪喊到数字被惩罚时，大家要求她说出自己喜欢的人，而小雪则一直是个腼腆的姑娘，不善于表达情感，更不敢当着众人面说出自己的心思，于是忸怩中，通红了双颊。

作为小雪的好朋友，我知道这个埋藏在她心底的秘密，那位白衣翩翩的少年，此刻正怀着好奇心想知道一切，可惜的是，他不知道主人公就是自己，不知道当他说出自己的恋爱史时，有位姑娘迷蒙了双眼。

小雪不说，别人不知道，他也不会知道。

到最后，大家让小雪选个大冒险，她去隔壁的房间，对着一个陌生的男生说了句，你好帅，我好喜欢你。语气风轻云淡，尴尬却没那么难堪。

可能青春就是这样吧，错过的，想要抓住的，原本就没那么简单，那可怜的自卑感，那执拗的倔强，很久很久之后，回过头才发现，当时那么傻。

4

回去的路上，我和小雪结伴走在最后，看着前边那个和其他人嬉笑游戏的少年，阳光将他的背影拉得很长，逆着光，有点看不清那张俊逸的脸庞。

这么做，不后悔吗？轻轻地踱着步子，我开口道。

嗯，不后悔。用手把额前的发丝拢到耳后，小雪眯着眼说道。

其实爱永远都是一个人的事情，我爱他，从来都与他无关，可爱情就必须要两个人完成，我没有勇气走完剩下的路，便无法伴他一路前行，到这里就刚刚好，用尽全力爱过，就不该计较那么多，小雪接着说了这么句话。

我默然，想着从进大学来，小雪为男孩做的种种，一直以来以朋友的名义相处着，曾经也为了男孩放弃了很多东西，到最后，仍旧没有说出心里的喜欢，在回忆的风沙里，被埋葬腐朽。

直到毕业，小雪也没能告诉男孩她喜欢着他，男孩毕业后便去了上海工作，说来日方长，大家一定会再重逢相见，祝彼此安好。

这些年过去了，时间从来都是无情第一，曾经的年少里，我爱你是最难说出口的真心话，而告诉你则是最不敢做的大冒险，这场游戏里，我注定是个失败者，做不完惩罚，连陪你玩下去的机会都没了。

咖啡喝完，窗外的雨小了很多，行人车马，依旧拥挤着整个世界。

走吧，小雪起身对我说。

去哪里？我抬头看着她。

老地方，旧影子，拜访下多年前的自己吧。小雪往门口走去。

我跟了上去，并肩走向那座回忆的城堡。

……

一个人的时候，
请照顾好自己

1

今天是周六，回到寝室的时间是凌晨十二点半，回来的路上偶尔几个人影，路边的街灯依旧昏黄恍惚。

最近一直没写文，很忙，所以有点力不从心，今年研二，一开学感觉任务骤然猛增，在成长的过程里，很多时候我们都是在突变，而不是渐变的，某个时间点，某个瞬间，你突然发现自己有如此大的责任去承担，一瞬间的接受，然后一瞬间就长大。

新来的小师弟和师妹，怀着憧憬开始了自己新的旅途，因为他们还得修学分，所以参与的研究和项目就比较少，慢慢地接触一些简单的东西，进而熟练地了解更多的任务。

最近，导师让我带着四五个新生去做项目，项目不难，但比较琐碎，我得整理好各项资料，分配好每个人的任务，因为下周一就要交，所以一边教他们的过程中，一边得赶着进度，每个新手都会遇到各种问题，很多简单的操作你也得反反复复教好几遍，因为自己也是这样走过来的，所以我尽量更耐心地去指导他们。

所以，每天我都得整理好他们每个人的事情，指出错误，就这样，没有了双休日，每天都十一点左右才能回寝室。

一个人骑着车，感觉夜特别凉，对着电脑的脖子僵硬无比，一整天的高强度任务，整个人也仿佛被掏空了般。

一瞬间的柔软，心里仿佛被某个东西狠狠撞击了一下，莫名地疼痛。

2

这些年来，自己一直过着无忧的生活，高中之前，有什么事情都会有父母帮忙解决，生病了累了，就赖在自己的房间里，有老妈细心的呵护。后来读大学，离开了父母，但本科的时候大家还是很悠闲，彼此之间玩玩乐乐便匆忙走过。

后来考研，进了更高的学府，发现周围的环境一下变了样，一个实验室的人不在一个寝室，每个人都在拼命地努力，而仍旧不太求进取的自己，也被无形的压力推着前进。

慢慢地，越长大，越是一个人的事情。

你会发现，你累了不能找到一个陪你休息会儿的人，想去看场电影，发现大家都有自己的事情要忙，自己生病了，还得打电话请完假，拖着身子排队挂号。

人潮拥挤，我们都是其中普通的一个，往来的无数张陌生面孔，没有谁会在意你的感受，你的好坏，你的悲伤，所有的痛苦和委屈，只能自己咬着牙硬撑罢了。

曾在实习的时候，遇到一个姑娘，是外地人，来杭州工作。一个人举目无亲，但这家公司的待遇较好，这边的发展前景也不错，于是便只身奋斗。

租了一个小小的房间，放了张床和电脑桌，便基本挤满，用的是公共卫生间和厨房，每天早上都得排队上厕所，晚上回去做饭也得等前面的人做好，条件很差，但很便宜。

一个人的时候，最怕的就是生病，小感冒还好，一旦有点急性症状，就真的感觉整个世界都是黑的。

那时候，一个周末的晚上，突然接到姑娘的电话，因为彼此年龄相仿，所以很谈得来，她问我能不能来她住的地方，陪她去一趟医院，虚弱的声音从电话那头传来。

到了她的住处，才发现那地方有多糟，走进她那狭窄的房间，右手捂着肚角，满脸苍白的她给我开了门，我问她怎么了，她直说肚子痛，也不知道究竟怎么了。

剧烈的疼痛感，让她额头满是虚汗，我扶着她打车去了医院，在车上，她突然哭了起来，一个二十多岁的小姑娘，哭得跟小孩一样。

靠着出租车门，她止不住地哭，不知道是疼痛的原因，还是因为什么。我轻拍着她的后背，听到她说她想回家，想爸妈了，很单纯的姑娘，却躲不过生活的无情。

一个人，在别人面前，可以装出最坚强的模样，装作什么困难都打不倒自己，装作什么事情都不那么在意，可在最虚弱的时候，会卸下厚厚的伪装，狼狈得像一条流浪狗。

3

挂了急诊，医生说是急性肾结石，先打止疼针看看，到时做个B超看具体情况。

躺在病床上的姑娘，憔悴无比，我问她要不要打个电话给她家里人，她摇了摇头，说没什么大事，不要让父母担心了。

看着轻轻说话的姑娘，心里挺难受的。

在医院待了一晚，第二天姑娘明显好了很多，脸色红润了不少，只是仍旧有点憔悴，后来见了医生，开了点药，便一起回去了。

我问她需不需要再观察几天，她说没事了，就不浪费钱了。

后来在实习结束，我离开时，姑娘请我吃了一顿丰盛的晚餐，那时的姑娘，依旧是人们眼中坚强的模样。

渐渐地，我们都会成长，渐渐地，我们越来越要坚强，因为很多时候，前面的路只能自己一个人，谁也帮不了你。

这是疼痛，也是成长，或者说，成长是一个人疼痛着变强。

你骑车摔倒了，膝盖流着血，还得去扶起倒下的车；大姨妈来了，还得顶着难受，去挤公交上班；受了委屈，还得装作无所谓继续着眼前的苟且。

一个人的事，还不得一个人默默地承担。

4

是的，很多苦难，我们都得一个人去接受，也必须一个人走完这段路，才能长大，才能有能力去过自己想要的人生。

之所以受尽磨难，是因为我们都想过得更好罢了，想要得到，必须付出。

但，一个人的夜确实太黑，一个人的孤独太难熬，一个人的坚持太艰难，没有人关心的日子，只有你自己才能给自己大大的拥抱。

累了就一个人窝在被子里好好地睡个懒觉，嘴馋了就跑到附近最火的店吃一顿丰盛的美食，想看电影就买好电影票一个人也能享受视觉的美妙，深夜里，戴着耳机，哼着最爱的歌谣。

生活从来不会善待每个人，别人也不会时时照顾你的感受，该拼命的年纪，我们从来不会畏惧，只是在披荆斩棘的路上，我们更要学会爱自己。

要吃早餐，不要晚睡，平时的时候要多喝水，多吃水果和蔬菜，每天抽出一点时间运动，想要放松就找点喜欢的事情去做，病了就吃药，天气变凉就多加衣服，天气预报说要下雨就带伞，淋湿了要赶快洗热水澡，无聊时可以发呆，可以看书，可以睡觉。

其实，没有别人，你可以对自己更好！！

请在一个人的时候，照顾好自己，这样，才能吃得更饱，睡得更好。

晚安。

亲爱的，路很长，
别慌张绝望

很多时候，太艰难，于是我们总觉得过不去了，觉得前方一片断崖，看不到希望，没有丝毫阳光，很冷，很黑，很慌张绝望。

1

好久没打开后台，今天原本准备推送篇故事，忽然看到一位读者的留言消息。

她是个高三学生，刚刚考完省模，成绩不尽人意，离一本线还有点距离，她很难受，很委屈，一直以来她都特别努力，她想考个好点的大学，她不想让自己这些年来的努力留下遗憾。可她，还是不行，每天学习很久可总找不到有效的方法，看着别人轻松地拿到高分，那一张张璀璨的脸庞上折射着梦想的微笑，她开始觉得，是不是自己太笨？为什么总是学不好，为什么总比别人差，为什么总是会失望。

从她的留言里，我看到了那难过的身影，感受到她内心的慌张和失落，很心疼，也很感叹。在中国，高考是座独木桥，千万人拼挤，有人如愿以偿地站在桥那边笑，有人落在水里连眼泪都没人看到，无论如何，最后说不尽的故事都留给了那一代代的学生。

我走过那条路，所以能感同身受，我也不是什么天才少年，不是什么富二代，也在高考时紧张到吃不下饭睡不好觉，因为太在意，所以太难熬。

高三的时候，我们每天眯着眼睛开始了一天，最后眯着眼睛结束了一天。每一天里，我们的大脑都在高速地转动着，我们做完一张又一张的试卷，题海战术成了我们最真挚的朋友，总觉得没掌握好，总觉得还不够，总觉得还要再做一张。

疼痛的十八岁，我们来不及感受青春美好的气息，就在日夜奋斗里急速老去。我们有梦想，不想留下遗憾，于是拼了命地想跑在别人前面，我们毫不留情地甩过身边的人，也被人冷酷地抛在身后，那道门很近，那座桥很远，那段日子很长。

2

有梦想，所以我们宁愿花光最好的时光也不放弃，因为期望，所以每一次挫折和磨难都让我们格外感伤，有爱我们的人，所以面对远方我们慌张和不安。

说到底，我们还是太年轻，没见过暴雨冲毁所有堤坝，没有经历过冰冷到只听得到心跳的黑夜，没有在无数的嘲讽和嬉笑中踽踽前行，因为没经历过，所有总觉得眼前的一切就是所有，觉得每一次挑战都是终点，看不穿，走不出，所以无限彷徨绝望。

就如初雪下的落叶，不谙世事的少年，手捧枯叶，眼泪都流了出来，觉得叶子的一生就这么短暂地逝去了，可古稀的老人，看着落进泥里的黄叶，眯了眼，来年又会有个绿叶随风美丽春天。

但，世间上更多的事不能重来，多少曾经走过了就成了岁月，正因为没经历过人情冷暖，所以我们一腔热血里总是无限希望，我们执拗地走在前行的路上，所以我们会受伤，会难过，会慌张，但这些又有何妨。

这位留言的读者，后来没回我信息，想来应该在埋头苦学中。

我想对她说的是，人生路上有很多坎，年幼的我们往往不需要操心太多，后来考试成了我们最大的魔障，大家都这么走过来了，没有什么大不了的，但这都是走过来的人说出的话，而正身处艰难中的你们，需要做的就是相信自己，你不笨也不是最差的！需要做的是继续努力，也许最后的结果不如人意，但你都奉献了所有，还能有什么遗憾？最后需要积极面对，例如厚着脸皮去请教一下尖子生的高效方法，每一种挑战都有其窍门，掌握了肯定会事半功倍。

还剩两个多月，一切都还来得及，接下来的时间你要好好利用，接下来的考试也尽力而为，好的坏的都要学着接受，但不必纠结，你要拿下的是那场6月里的血战，不忘初心，不悔付出，不留遗憾！

3

最后，给大家说个小故事。

我的一个高中同学，大学后他去了北方，我来到杭州，大三的时候，我们几个人相约一起考研，约好了一起读研，然后到一个城市去求学工作。

我很幸运，第一次就通过了，他则在考研的战争中被击下了马，成绩出来的那天，我高兴地跟他说了自己的成绩，他苦涩地回了我句恭喜，我听了后很难过，感受到了他内心的苦涩。

后来几个好朋友一起聚会的时候，喊他，他找了很多理由推掉了，我知道他是因为考研失败的原因，不想见大家，也走不出自己心里的那道坎。

我读研一，他二战，依旧失败，我给他打了很长的电话，聊到了半夜，那时候，他还在秦皇岛，我还在杭州。

“春，我花了整整一年的时间准备，依旧失败了，你说我还能怎么办？我为什么这么背，就差几分就能通过啦，一个英语的选择题蒙对了都能进的，为什么，为什么？为什么！”

“春，我和女朋友分手了，她要留在河北，我得回去了，我爸让我去考公务员，或者考家里那边的事业单位。”

“春，不能和你们去一个城市了，好难过，好孤单。”

……

我大部分时间都在听，听他的抱怨，听他的倾诉。最后默默地说了句，路很长，不必绝望。

今年，他第三次考研，差了2分！跟他通话时，他已经在老家的一家事业单位里了，他自嘲地跟我说：“真他妈的操蛋，老子又差了几分，你什么时候放假，我刚发了工资，赶紧麻溜地滚回来。”

“我要吃火锅，步行街新开的那家！”

“……那家消费太高，不如我们去吃大排档吧，胡胖子家边也新开了家，好吃又实惠！”

“去你奶奶的，老子回去的车费都不止那点！”

“哈哈哈，哈哈哈……”

人生嘛，谁说得清对错，谁又能预料到未来。

但不论何时，都请别轻易放弃，因为你无法看到明天，路还很长，又何必慌张绝望呢！

所有的苦，
以后都会笑着说出来

1

周末有幸参加了一位企业家的宣讲会，讲述的是他们公司的情况和理念，受益匪浅，但更让我难以忘怀的，是他在结束前讲的自己年轻时的故事。

他说，他现在身价千万，有房有车，成为了一名小有成就的企业家，生活上能够满足自己的精神要求，很幸运，也很感恩。但如此功成名就的他，也曾在工地里搬过砖，在公园里流过浪，在餐馆里吃过剩饭。

那时候事业刚起步，需要大量资金，他就把自己所有的积蓄都投了进去，最后失败了，他失去了所有，没有钱吃饭，也交不起房租，甚至连女朋友都跟别人跑了，仿佛整个世界都在针对他。

他说那段日子是他人生最黑暗的时刻，身无分文的他被赶出了租房，找不到工作就露宿公园，没钱吃饭就到餐馆前等着别人的剩饭，后来实在没有办法就去了工地搬砖，很累很苦，但至少有个可以睡觉吃饭的地方。

有时候追梦的路上，除了要坚持，肯努力外，你还得吃得了苦，咽得下多痛苦的经历，就能扛得起多沉重的梦想。

多年后，当这位企业家再次回忆起那段苦涩的过去，他是面带微笑的，仿佛在讲别人的故事，仿佛那时候的痛都不曾伤害过他，最后他说，我很感谢那些年吃过的苦，正因为我经历过，才知道自己拥有的是多么幸运和幸福，苦尽甘来，熬过了，你我终将看见希望。

2

也许有人会说，世上吃苦的人多了去了，有多少吃下的是苦，熬出来了甜，那些仍旧过着苟且的“不幸儿”最后也能笑着说出昔日的苦难吗?

我想说，是的，最后当我们说起曾经的苦时，都应该是笑着讲述的。

因为当我们有机会怀念过去时，首先证明至少我们都还活着，这本身就是生活的一种恩赐，没有什么比得过健康地活下去，那些最磨人的苦楚没有将我们按死在过去，就有希望，就有翻盘的可能。

曾在大学里遇到过这么个同学，他出身贫寒，从山洼的小村子里考进了大城市，但是他家是真的穷，问村里借遍了钱才凑够了他的学费，他看着佝偻了身躯的父母，还有那躺在床上的奶奶和刚上初中的弟弟，倔强地说不去上大学了，最后挨了父亲一顿狠打，不容置疑地说，这学一定要上，砸锅卖铁也要让你上。

等到了大学，他就申请了贫困生资助，领到了学校的补助，每个月就几百块，刚好够他的生活费，从没看他上网买过衣服，除了生活必需品，他的宿舍里一片空白，每次吃饭时，都没有超过五块钱，没有手机，还好有同学给了他一部二手的破手机，他为此感激了同学好久好久。

在空闲的时间，他总是找到各种兼职，不论是服务生、家教、发传单他都干过，每次兼职拿到的钱，他都小心翼翼地折好放在枕头下，等到月底就把钱寄回家，让家里还点债。

他以为只要熬过这段时间，等他毕业了就能工作赚钱，就能给家人带来好的生活，但命运总是爱开玩笑，在他大三的时候，老爸出去干活的时候，在工地上从高空坠落，需要截肢，噩耗突然降临。

他当时完全慌乱了，一个人躲在学校的角落偷偷地哭，他不知道为什么自己的命这么苦，为什么生活要这样待他，他真的没有办法继续读下去了，他要回去照顾自己的家人，可什么都不会的他，又能有什么用？

3

终究他还是继续了自己的学业，辅导员在知道他的情况后，组织了一场募捐，他得到了一份大大的爱心资助，村里的政府也给了他家一定的资助，虽然生活依旧十分艰苦，但至少还有出路。

此后，他变得更加努力，一刻都没有放松自己，等到毕业时，他获得了学校的优秀毕业生称号，并得到了一家出名公司的offer，毕业那天，他请了全班人吃了顿饭，喊上了辅导员。

在餐桌上，他第一次那么痛快地喝醉，醉眼朦胧中，他站起来向所有人鞠了个大大的躬，他带着笑说，感谢大家在最黑暗的日子里给了他一点点光亮，让他能坚持地走到了最后。

他说那段时间，他真的完全崩溃了，他甚至想结束自己那可悲的命运，但终究熬过来了，才发现没有什么是过不去的坎，没有什么是绝路。

现在他的生活仍旧无比艰苦，有个沉沉的包袱压在肩上，仍一刻都不敢放松，但他不再抱怨生活，不再只知道感叹生活的悲催，既然命运给了他这副牌，他唯一能做的就是尽全力打好。

他笑着说，大难不死，必有后福，他会用双手成就家人的梦想，能够让他们健康开心地活下去就是他最大的愿望了。

4

很多时候，我们都在抱怨这操蛋的生活，觉得命运怎么对自己这么不公，拼了命地努力，吃尽了苦，怎么还是不能变得更好呢。

但你真的还年轻啊，你经历的苦难，都只是人生路上最不可缺少的考验罢了，人生路，长漫漫，不吃点苦，你该拿什么向你的后人吹吹牛呢，到时候你至少可以跟你的孩子说，老爸/妈曾经遇到比这艰难一万倍的境遇，还不是好好地站在这儿，开心地活着。

苦难、艰辛都不可怕，怕就怕一点点小小的挫折就让我们吓破了胆，慌乱了阵脚，甚至开始怀疑自己，怀疑人生，如果你连自己都不相信，你又该拿什么来面对这个世界？

所以啊，现在吃点苦，是好事，尝一尝苦涩的人生，才能更加感恩生活，才能珍惜不易的幸福，多少苦楚最后终究过去，只要我们再走一步，再坚持一下，跨过去了，就是远方。

路一直在我们脚下，走过去了的都是曾经，愿最后，你我都能笑着说出曾经所有的苦难。

所有的酒，都不如你

有时候，故事很简单，你，我，还有一条狗。

1

耗子过来了，去南京出差完，经过杭州，便暂住一晚，找老同学叙叙旧，吹吹昔日的牛皮。

杭帮菜口味以咸为主，略有甜头，而清淡则是杭帮菜的象征，我喜欢清淡点的菜色，一来比较健康，二来自己也不是重口味，所以最后耗子喊我带他去海吃一顿时，我便选了家出名的川菜馆。

川菜以麻、辣、鲜、香为特色，调味多变，口味偏重，很久没有去吃川菜的我，莫名地领着耗子来到店里。

整个大厅里坐满了人，推杯换盏间嘈杂不断，空气里弥漫着呛人的辣椒味，热气腾腾里翻腾着可口的美味。

耗子爱吃川菜，怎么说，耗子应该是因为小染喜欢上了川菜。第一次小染带我们几个去学校周边的川菜馆，最后整整喝完三箱啤酒，除了小染，一个个全都通红了脸。

最搞笑的是，小染问我们好不好吃时，耗子一边擦着眼泪鼻涕，一边嚷嚷着吃得真爽，下次一定还来，下次要挑战变态辣！直到毕业，作为南方人的耗子竟然能轻松地吃着巨辣的招牌川菜。

找了张空桌，我和耗子相视而坐，点了一些他以前爱吃的菜，叫来一箱啤酒。

2

胡吃海喝中，我发现耗子的酒量长了不少，一箱啤酒，堆在我面前的没几个空瓶。

不止是酒量，随着时间的变迁，这个昔日稚嫩的男生成熟了很多，从他的谈吐和规划里，他真的变成了一个有梦想的男人，虽然还是会跟我嘻嘻哈哈，但有些东西就真的变了，说不出，道不明，却能真切地感受到。

他说，男人和酒，是最好的哥们，最长久的老友，我笑着说道烂酒鬼一个。

男人啊，有时候比不上女人洒脱，哭哭闹闹，骂骂吵吵便散了，散完了怒气，散去了念想，可男人爱喝酒，高兴了喝一杯，失落难过了要喝醉，当所有的味觉被麻痹，当思维停止思考，才能得到片刻的解脱。

有时候，喝酒不仅仅是喝酒，不过寂寞罢了，不过心伤罢了，不过逃避罢了，心里所有的秘密，被紧紧关上，然后便是一副丑陋的醉态，让别人厌恶，让自己恶心。

我问耗子，还在养狗吗？他说没养了。我问耗子，还在想她吗？他说不想了。我问耗子，酒好还是她好？他说她最好！

3

故事有时候很简单，因为一条叫作胖球的博美，耗子认识了小染。

那天，耗子在学校墙外的草丛里发现了一只浑身脏兮兮的小博美，白色的绒毛被污渍染成了杂色，瞪着一双无神的大眼就趴在那里，耗子还以为是只流浪狗，便没太去搭理，准备离开时，听到一声呜呜的叫声，狠了心，便将它带回了寝室。

从食堂里打来粥和肉，然后在洗手间里给这只狗大清洗了一番，貌似用的是他的沐浴露。一顿收拾后，待小博美吃完所有的肉，耗子觉得这小狗还挺可爱的，于是便养了起来。

只是过了几天，当耗子浏览学校的官博时，才发现原来那只小博美叫胖球，它有一个漂亮的主人，叫小染。

抱着小胖球站在路灯下时，耗子的内心还是挺舍不得的，毕竟这几天的相处，耗子是真心地喜欢上了这只可爱的小家伙，可它本来就不属于他，而且那个叫小染的女生看上去也挺不错的，应该是个好主人。

当小染看到耗子时，激动地冲了过去，着急地接过小胖球，小胖球似乎发现了自己的主人，也开心地汪汪直叫，噙着泪花，小染狠狠地抱住了小胖球。

原本耗子想装潇洒地挥手道别，可当他转身时，小胖球竟汪汪汪地叫了起来，想挣脱开小染的怀抱。

“似乎小胖球挺喜欢你的呀，谢谢你这几天的照顾了！”

“小家伙很可爱，我也挺喜欢它的。”

“我们加个微信吧，以后想见小胖球，可以找我，我忙的时候，你也可以帮忙照看下，你看怎么样？”

“好呀，好呀！”

后来当耗子和小染好上时，我们都调侃道，小胖球是你们的媒人哦，要伺候好它。

4

耗子是南方人，有着江南人的清秀，个子不算高，但和小染很般配，小染是典型的川妹子，性格很开朗，偏爱各种重口味的美食，皮肤很好，是个肤白貌美的姑娘。

耗子跟小染恋爱的时候，耗子基本上都依着小染，他本身就不是个很有主见的人，平时一起出去逛街，看什么电影，买什么衣服都是小染最后拿主意。

但耗子是真的对小染好，总是会想方设法地逗小染开心，小染生病了，他会一直陪在左右，去看医生，买药，买粥，形影不离，生怕出了点什么差错；小染想要的礼物，他都会默默记住，然后努力赚钱，偷偷给她惊喜，甚至为了小染，他习惯了重口味的川菜，其实我们知道，在遇到小染之前，耗子是从来不吃辣的，一点点都不吃的。

有时候，相爱是件很美好的事情，两个人为了彼此做了很多改变，却又让对方觉得平淡不惊，爱，是埋在心间的珍宝，默默守护住就好，我喜欢你，所以你好就很好了。

可有时候，相爱又是一件很辛苦的事情，两个人都希望彼此能够幸福，做着最残忍的决定而不让对方知道，爱，是种在胃里的毒药，独自忍受煎熬就好，我喜欢你，所以我愿意。

后来，学校规定学生不能养宠物，耗子和小染便将小胖球转给了一个朋友去养，最后貌似那位朋友弄丢了小胖球，小染哭了好几天，耗子也沉默了很久。

故事有时候很简单，你，我，一杯酒。

5

独生子的耗子没办法陪着小染去四川，小染说不会离开孤独的母亲，那一天，学校旁边的那家川菜馆里，小染和耗子都是被室友背回去的。

毕业后，耗子去了北京，进了一家销售公司，工资不错，但需要经常应酬，便长了酒量，多了市侩，也褪去了稚嫩。

一箱啤酒喝完，桌上的菜还有不少，便又叫来一箱，我劝道少喝点，耗子摆摆手，只是催道干杯，于是便只能举杯。

酒，只会越喝越不够，人，也只能越想越怀念。

少年啊，多少梦曾破碎在成长的路上，当时我们不够成熟，觉得酒比人好，后来呀，后来我们走了很多很多路，被人冷嘲热讽，被社会揉捏鞭挞，被生活追逐强迫。于是，好像懂了点，人生路上，有些人总该是比酒好的，让人醉，却不让人浑蛋。

深夜，我打了车，搀扶着耗子到他住的酒店。

“我在二环路的里边，想着你；

你在远方的山上，春风十里；

今天的风吹向你，下了雨；

我说，所有的酒，都不如你……”

说到底，还不是爱得不够

我们在抱怨爱情太脆弱，怀疑爱情不够忠贞，暗嘲爱情太现实时，有没有想过，其实说到底，只是彼此爱得不够而已。

1

上周的时候，微信朋友圈刷到一组订婚的照片，女的娇艳欲滴，男的英俊帅气，红红火火，喜庆无比。

发状态的是个姑娘，曾是睡在我下铺哥们的女朋友，一副温柔婉约的模样，羞涩而又善良，每次我们撞到她和我哥们在一起时，她总会通红着脸，低着头跟我们一一打过招呼。

她和我哥们从大二就开始在一起，两人一路上磕磕绊绊，但都是小打小闹，最后总能言归于好，牵着手又能在校园里踱着小步子。记得两人闹得最凶的一次，姑娘硬是一个礼拜没有理我那哥们，他每天都去她宿舍楼下守着，但姑娘就是不搭理他，最后那哥们突然生病了，姑娘熬好粥就直接冲到我们寝室，一下子惊呆了寝室的小伙伴，只见她放下东西说了句，好好照顾自己，看着你生病，我会心疼。

后来，两人就自然地和好了，我们寝室几个一致觉得这姑娘是个好姑娘，希望哥们要好好珍惜，真心对她好。哥们拍着胸脯说，今生就认定是她了，跑不了，一辈子要对她好。

可现实总爱扇人嘴巴子，你许下誓言时有多认真，它就在回敬你时有多响亮。

啪啪啪……

2

姑娘是订婚了，可另一半却不是我那许下豪言的哥们。

今年年初的时候，我那哥们来我学校看我的时候，我问他最近怎么样，他说一切都还好，当我询问到他和姑娘的情况时，他支支吾吾半天后说，分了。

我当时是有点震惊的，两人好不容易坚持了三年，一毕业就真的说分就分，难道大学里的爱情真的逃不过毕业的宿命吗？曾经那么美好的爱情，真的就这么一文不值？说好的一辈子，一毕业，怎么就变了个人，仿佛那些说过的话，做过的事，许下的誓言根本不是自己的过去。

他说，姑娘家里就一个独生女，她爸妈很爱她，舍不得她离开他们身边，让他和姑娘必须在他们那里生活和工作，而他则在家里的安排下参加了当地的事业单位考试，并且通过被录取了，家里人希望他能留在家乡工作，最后他和姑娘都不能说服对方，分手成了唯一的选择。

我当时听完觉得很可惜，但心里又觉得他们虽然嘴上说分手了，终究还是有点机会的，慢慢地可能就会找到折中的办法，但将近半年过去，等到的却是姑娘订婚的消息。

原来，三年的相爱也抵不过半年不到的相处，爱情虽然不是一切，可那曾是你生命中最重要的一部分，丢弃了，真的有那么容易？

3

我不知道我那哥们有没有看到那条状态，也许两人早就互相拉黑了，我也没有跟他提起，有时候知道比不知道更难让人接受。

虽然不是我自己的事，但心里就是堵得慌，那天我发了条状态，说爱情真的太脆弱，现实面前，所谓的海誓山盟不过七彩泡沫，一碰就消逝得了无踪影。

原本只是简单的抱怨，后来一个朋友，也是那姑娘的好闺密，刚参加完他们的订婚酒席，她跟我关系也不错，发消息跟我说是不是在感慨姑娘订婚的事情，我没有隐瞒地回答了。

她说她也很惊讶姑娘这么早就订婚，完全出乎预料，她也知道姑娘和我哥们分手的事，但没想到一切都结束得这么快，旧人还未哭完，新人就已经笑着走来，我抱怨道爱情太不靠谱，吐了很多苦水，她静静地听着，最后只说了一句，或许，他们两个还是爱得不够深吧。

我看着手机屏幕上的对话，一下子怔住了，好像很多纠结的东西瞬间破碎了，对呀，说到底，还不是爱得不够而已呀！

4

我一直以为在一起三年的他们，肯定深深爱着彼此，便先入为主地以此为前提，抱怨着那么相爱却不能在一起的悲哀，其实，恋得够久，并不代表爱得够深。

说什么双方家长不同意，说什么为了彼此发展得更好，说什么现实生活太残酷，这些只不过是爱得不够的借口，白头偕老的坚持只因深爱对方，半路的分道扬镳也不过是爱得不够罢了，没那么多无奈，更没有那么多的借口。

这不禁让我想到曾经遇到的种种，有的人说，我喜欢她，但是我觉得自己配不上她，等到哪天自己足够优秀了才去跟她表白，这样才能带给她幸福的生活，说得冠冕堂皇，将苟且着的暗恋赋予最伟大的意义，但说到底，你还不是不够爱她，如果你爱她深入骨髓，你肯定会尽自己最大努力去成就你们的幸福，而不是在角落默默地祝福，看着她依偎在别人的胸怀里，你就真的不心痛吗？

也有人说，我爱她，但是真的没办法，我还需要生活，我不能放弃这份工作，等我稳定下来再去找她，到时候一定开着最好的车去迎接她，这种人自以为在为两人的幸福而努力，但终究也只不过是爱着自己罢了，等你开着宝马去接她时，她也许早就成为别人的老婆，孩子的妈妈了。爱得不够深，才放弃得那么轻易。

更普遍的是，相爱的两人，看起来无比热恋，但彼此的家长都不同意，挣扎了一番，最终还是分了手，然后感叹爱情真的太曲折，最完美的爱情往往不能走到最后，我想也许你们真的还不够爱彼此，才没有勇气去反抗压迫，电视里的情节常常被我们诟笑太假太艺术化，但你有没有想过，剧本原本就来自生活，肯定有人曾为爱情如此争斗过，只是不是你而已。

5

曾记得姥爷说过，爱情很简单，你是我的整个世界，我是你所有的空气，少了谁彼此都活不下去，这样才能走到最后。他说一辈子真的很长，会出现许多预料不到的事情，但路上有你，风雨即是风景。

他和姥姥牵手就是一辈子，可能从前的爱情真的很慢，轻声细语中道诉的便是款款深情，我爱你也不会那么轻易说出口，承诺了便是余下的一生。

常常听人说，我们这一代的年轻人，还不懂什么是爱，太草率，也太廉价，其实我们谁都会爱，只不过缺少那种爱的深刻罢了，也许我们会跟一百个人说我爱你，但真正深爱着的却一个都没有。

所以，在分手的时候，我们会有一百种理由，却偏偏说不出最真实的原因，也许你为爱付出了很多，抛弃了所有，但在内心的深处，你有没有真正审视过自己，究竟彼此爱得足够吗？

如果真的彼此相爱够深，千军万马也阻挡不了你们前进的脚步，如若爱得不够，到最后，分手了也无须任何怨言，也许这才是你们最后的归宿。

愿我们终其一生，找到那个伴你一生，你也无法舍弃的人。

示弱，对心疼自己的人才有用

情话说给喜欢你的人听才有效果，示弱，对心疼自己的人才有用。

1

昨晚接到老同学的电话，刚毕业的小姑娘，不知受了多大的委屈，一接通就止不住的哭声。

姑娘毕业一年，一直没有找到合适的工作，后来在别人的介绍下进了一家销售公司，这是一个完全看业绩的行业，有月入好几万的，也有拿着最低薪资的，能者多得。

说白了，销售就是要看人脉，老一辈的手里有资源，能够轻松完成业绩，新进的毛头小子运气好可能才签成一两单，世上从来都没有免费的午餐，看似高薪的人群，也不过是岁月和磨练的积淀罢了。

姑娘刚进入公司，完全两眼一抹黑，还未摆脱大学生的稚气，就要迎面社会的残酷，她以为靠着努力就一定有收获，相信着书本上那些励志的文章，可人生从来都不是剧本，有些事总会事与愿违。

她每天跑很多店铺，联系很多店主，结果得到的都是千篇一律的回绝，工资没发，房租又贵，每天的交通费都是巨大的，所以她一般都是挤公交，挤地铁，人潮拥挤，只为了省打车的几十块。

很辛苦，但她从未放弃，想着年轻吃点苦总是好的，一切都会变好的。

2

可是，压抑的情绪，往往会在临界点，一个小小的触动，便炸裂得粉身碎骨。

昨天组里开会，组长报告了这个月的业绩，一如既往的姑娘是垫底，少不了一顿批评，这种事情不是第一次了，姑娘确实能力不足，也坦然接受批评指正，心里默默给自己打气，下个月一定要有进步。

但这一次，姑娘在批评后轻轻地说了句，上个礼拜我得了重感冒，一直在吊点滴，所以业绩才那么差。

原本一句简单的话语，不知触动了组长哪根神经，他一下子提高了音量，冲着姑娘说道，你业绩这么差还有借口了？你来公司好几个月了，每次业绩都是靠后的，刚毕业的大学生就那么娇气？吃不了苦就趁早别干了，就是因为你，我们组的业绩老是落后其他组……

后边的话，姑娘没有听清，因为她早已经朦胧了双眼，眼泪滴答滴答往衣服上落，咬破了下嘴唇也没出声，头低到胸口里，不敢看其他人。

那瞬间，姑娘想要回家，她说，她好难过，好委屈，好心塞，她想老爸老妈，想她的闺密，也想我们这群好朋友了，她说，握紧的指尖扎到了肉里，仅有的疼痛感让她坚持坐到了最后。

不知什么时候组会结束，好像有人轻轻拍了拍她的肩膀，也有叹气的声音，最后房间里只剩下了她。

3

在姑娘的抽噎声里，听完了她的叙述，说真的，听完后心里莫名地心疼，曾经活泼可爱的傻姑娘，竟会哭得像个泪人。

我静静地听她说完，然后默默地听着哭声，没有说话，也没有打扰，好久后，她哭累了，便没了动静，我才轻轻地开口，生病好点了么，身体没事吧，想吃什么跟我说，我给你邮递过去……到最后，我一直都没谈论她工作上的事。

听完我的话，她用沙哑的嗓音说了句，阿春，你真好，你们这些才是真的关心和心疼我的人，有你们真好。

我回道，傻姑娘，以后有什么委屈和难过，就跟我们说，别再轻易地向别人示弱，不熟的人，没有几个在乎你的难过，也没有多少人真正地希望你好，真正心疼你的人才懂你的软弱。

说了很久，姑娘又恢复了平日的活泼样，她说，以后再也不轻易示弱了，多大的委屈，多重的批评，多沉的苦难，她都会默默承受，人总是要长大，成熟的代价就是丢掉稚气，不再软弱。

是呀，傻姑娘，这个纷繁的社会，尔虞我诈中，你若不坚强，谁替你勇敢呢。

4

也许是自小养成的坏习惯，我们有一点点挫折，便哭着跑向父母亲人，然后便换来一阵心疼和安慰，后来慢慢长大，身边有了些许好朋友，有什么委屈和烦心事就向他们倾诉，也总是有人为自己撑腰，懂得我们的苦楚。

可是，每个人总要独自面对自己的人生，当我们身处一个陌生的环境，与一群不熟的人打着交道，所有人都只为自己的利益而努力，这个时候，我们再向周围人说出自己的艰辛时，得到的不过是一句句门面上的鼓励，甚至有的人会在背后嘲笑我们的难堪。

没有人能够陪着我们一直走下去，很多泥泞的小路，终究是要自己一步一个脚印，路上的挫折和风雨，经历了便是体会，无须向外人道矣，也不要轻易地展示自己有多苦，有多难，这些只会成为别人茶余饭后的谈资罢了。

5

人生路漫漫，有时风雨，有时晴。我们不能改变世界的转动，无法阻止遇到的种种，那些无力的磨难和艰难，只有咬着牙，咽进肚子。

可能在某个深夜，内心的难过和委屈实在忍受不住时，找个知心的好友，抱怨一番，大哭一场，像个小孩，寻求安抚和温暖，我想这都是可以的，那些你最亲近的人，都是最爱你，最心疼你的人，你的苦难他们能够感同身受，能够带给你一丝丝光和温暖。

但真的别在浅交或者同事面前不断抱怨，他们也许知道你真的苦，但真的不能深有体会，毕竟你也只是个外人而已，不会真正心疼你的人，所有的示弱都是最没用的诉苦。

愿我们都有最厚的盔甲，在世俗中征战前行，努力上游，等到真正累的时候，解甲归田，觅知心好友，共享清茶一盏，如此，便已甚好。

年轻人，吃亏要趁早

张爱玲说，出名要趁早，来得太晚的话，快乐也不那么痛快。

其实，吃亏也要趁早，别等到太晚，连重来的机会都没有。

1

昨天和朋友聊到很晚，在彼此都很忙碌的时候，能够在夜深人静时，用最简单的言语，隔着遥远的距离，依然让人舒心。

但朋友最近好像过得并不舒坦，电话中，道诉着遇到的烦心事。

本科毕业，朋友进了一家设计公司，因为涉世不深，带着一身稚气的他碰了一鼻子的灰。工作不像学习，公司也不是学校，很多为人处事的方式都需要改变，一个不小心就会踩到禁区。

虽然开始很艰难，但朋友一直都勤恳学习着，一些小的挫折和委屈，都咬咬牙坚持着，可最近的一件事，却碰到了他的底线，整个人彻底爆发了。

因为最近有个公司要和他们合作，让他们帮忙设计一个产品的推广广告，项目不小，利润挺高，于是他们的经理便动员大家展开头脑风暴，寻求最有创意和效果的方案。

说真的，虽然朋友资历不是很高，但他确实在这一块有很高的天赋和敏感度。他一听完经理的介绍，便在心中有了一个构思蓝图，但又觉得自己想法太粗糙，便向公司的一位前辈求教取经。

很多时候，年轻的我们总是以为人和人之间就像双眼所见的那么简单，其实，在我们看不见的背后，那些复杂和丑陋，会让我们难以置信。

2

昨天经理召集朋友他们开会，说有位同事交上了很有创意和想法的方案，让大家一起参考和提提意见。

当经理打开PPT展示，朋友一下子就懵了，这个创意怎么和自己的那么相似？各种疑惑和猜疑，在经理喊出提交方案的同事名字时，便豁然开朗。

这不是自己请教和交流的前辈吗？朋友还记得这位前辈夸他有天赋，鼓励他继续加油，怎么转眼间，就成了他的方案了呢？

朋友知道自己被这位前辈欺骗了，等到会议结束，便去找他交谈，想问问到底是怎么回事，但却被他一句，这是我想的方案，你说是你的，有什么证据吗？

气不过的朋友找到了经理，说了自己的情况，但经理也只有一句，小付继续加油吧，以后的机会还很多，便不了了之。

这么多年来，朋友一直过得顺风顺水，没遇到过什么大挫折，也没受到过什么大打击，在他的印象里，事业的路途中，大家应该是各凭本事争取，怎么会有人拿着别人的成果包装成自己的作品？

朋友知道这次项目挺重要的，好的方案如果被启用，肯定会有不小的奖励，但他真的不是在意奖励的多少，他气愤的是最基本的信任都被别人摧残得支离破碎。

后来，朋友在电话里说，他真的太年轻了，想法和经验都没跟上社会的节拍，这次的事件让他成长了很多，他相信未来肯定不止这一次的意外，他吃亏了一次，下一次就没那么蠢了。

言语间，说不出的无奈和沉重。

谁都想简单快乐地去生活和工作，可事与愿违的太多，有些事情经历过才能成长，代价也许很大，但这是我们前进道路上，不得不交的学费。

3

吃亏还是要趁早，至少年轻的我们还有继续走下去的勇气和决心，痛苦和委屈都会过去，时间会沉淀所有。

我至今还记得高中的一个同学，因为经常坐最后几排，彼此关系也不错。他家原本是挺殷实的，他老爸经常在外跑生意，赚了不少钱，所以那时候他经常请我们周末出去吃饭。

可在高二下学期的时候，他突然休学了，各种方式都联系不到他，于是我们几个关系好的，便跑到班主任那里问问情况。却得到了，他父亲跳楼自杀，他选择了休学这样一个回答。

当时年幼的我们，还不太明白其中的意义，只知道同学以后没有父亲，也不再来上学了，但不是很懂事的我们，心里依然疼得难受。

后来，我们看到同学的母亲来学校帮他办退学手续，以前那个美丽的阿姨，没有了昔日的容颜，憔悴的脸庞，蓬乱的头发，眼睛里道不出的沧桑。

我们上前问她同学的情况，她对我们说，他们要搬家了，不在这里生活了，要回她的娘家去了，同学也跟着她回去，不在这边上学了。

就这样，同学和我们彻底失去了联系。

随着时间的推移，从别人口中的只言片语中，才知道，原来同学的父亲和一个韩国人合办了公司，把自己的钱都投进去了，还欠了一大屁股的债，后来这个韩国人跑路了，公司也倒闭了，债主堵着他家门口要债，受不了压力的他，选择了跳楼自杀。

无限唏嘘，曾经我们是那么羡慕着同学，说他有个好爸爸，给他那么多零花钱，买我们只能从电视里看到的球鞋，他也曾说过，他父亲这些年在外跑生意，每年都会赚不少钱，一路平坦顺风，没遇到什么大意外。

没吃过亏，一帆风顺也不见得完全是件好事，因为温室里的花草太娇嫩，一见风雨便承受不住。

4

年轻的我们，需要努力，需要拼搏，为着自己的梦想不断前行，一路上我们收获喜悦悲伤，但这些都是经历和成长，是我们最宝贵的财富。

很多时候，身边的人总在抱怨昨天被什么坑了，今天又被哪个骗了，无止尽的谩骂。其实真的不必如此动怒，你吃过的这些亏，不外乎因为自己太年轻，少不更事，容易掉进别人的圈套里，但这又何妨？这些正是年轻的你该经历的事情罢了，傻过蠢过，青春就过去了。

只有亲身经历，才能让记忆深刻，让身体记住那瞬间的感受，多痛苦，多难过，都没关系，一切都会过去，但希望的是，这些你吃过的亏，能够让你成长，一次经历，一生难忘，不要只知道谩骂世道的悲凉，不长记性的你，就成了真正的蠢蛋了。

希望我们在世间的行走中，练就一身铠甲，等到年迈沧桑，看到一切事情都风轻云淡，品一口香茗，缓缓说道，没什么大不了的，这都是小事。

你终于成了我的前女友

1

夏天除了让人舒爽的冷饮外，还有晒到骨子里的炎热。

房顶的三叶吊扇呼哧呼哧转个不停，抬起头，盯着轴心，才发现，很多时候你以为走了很远，不过是方寸间的循环罢了，有守护的东西，怎敢远离？

房间里的人不少，将近二十个，虽然很热，但大家仍旧保持着微笑，冲着身旁的人说着悄悄话，然后便是一阵窸窸窣窣的笑声，有的人手上的纸张被握得紧紧的，额上也有汗液渗出，不知道是热的，还是紧张的。

一位女工作人员，递给我一瓶矿泉水，冰冰凉，也顺带给坐在我身边的女子一瓶，然后对着我们微微一笑，便走向他人，水发完后，她站在前方，抱歉地告诉我们空调系统出故障了，给大家带来麻烦感到歉意。

我坐在塑料椅子上，头还是晕晕的，想起昨晚和好朋友碰杯到凌晨，五箱啤酒被我们四个大老爷们喝得干干净净，大家酒量不好，但为了陪我喝，他们也没有怯场。

来这个城市将近三年，也就这几个好兄弟，总是在最艰难的时候伸手拉兄弟一把，城市越大，越冰凉，陌生的人太多，连个知心的人都难寻。

2

拍了拍晕眩的脑袋，闷热的空气仿佛让人窒息，周围一圈圈的嘈杂声，深深地刺激着我的耳膜，旁边的女人，看着我，然后从包里拿出一张纸巾递给我，擦了擦两颊的汗液，感觉整个人也清爽了很多。

我叫谷枫，目前在一家计算机公司上班，生活比较忙碌，但薪水确实不错。这是我毕业的第五年，没有什么大的成就，但也能够衣食餐饱。

昨天不知是压抑了太久，还是一时冲动，那个陪了我1098天的女人，终究是成了我的前女友，呵呵，一切可能都是天定的吧，在一起的时候我就觉得，以后这个姑娘肯定不会是我的女朋友，难道我有算命潜质，还能未卜先知？

那个陪了我3年又3天的姑娘叫林楠，是个温柔善良的姑娘。

那时候，毕业没多久，因为厌烦了在公司里的枯燥生活，便跟着几个朋友一起出来单干，美其名曰创业。初始的时候，一切都刚起步，很多烦心的事，但当时动力也足，怀揣着一颗想发财的心，便也不觉得苦和累。

林楠是我在一个聚会上认识的，那天她穿着一身鹅黄色的连衣裙，挽着的头发特别好看，一瞬间，她就吸引了我所有的注意力，那一刻，我知道这就是我命中注定的女孩。

于是从多方打听，了解到她的联系方式，再加上我的软磨硬泡，最后林楠答应了做我的女朋友。在她答应我的那天，我叫上另外三个好兄弟，一起喝了通宵。

那一天，兄弟们都祝福着我，说我真特么是走了狗屎运，才被林楠喜欢上，我就一直傻笑，一直喝酒。

人总是在高兴的时候忘乎所以，觉得那一刻就是所有，尽情放肆，随意张扬。谁也不知道，三年后，同样的四个人，不同的地点，依旧酣畅一醉。

命运仿佛一个淘气的小子，你永远不会知道他的下一个动作。

3

恋爱的开始，总是百般甜蜜，我和林楠每天都会腻在一起，不是打电话就是微信或QQ，那时候，彼此之间仿佛有说不完的话，那时候，一件小事都可以说一个小时，那时候，彼此爱得不可自拔。

后来，感情稳定下来，便不再像开始那么腻歪，因为在创业，刚起步的公司有很多事情要忙，我是学计算机的，一些技术上的事情都是我亲自指导，很多时候忙起来便分不清白天黑夜。

为此林楠还跟我闹过小脾气，但她也知道我在搞自己的事业，便也只是嘴上说说而已，其实每个女生，在恋爱的时候都是希望另一半能多陪陪她们，哪怕一起吃个饭，逛个街，都很高兴了，这是一种肯定，也是一种仪式。

年轻气盛的我，豪言壮志，对着林楠说，以后一定要给她最好的婚礼，买一颗全世界最大的求婚钻戒，带她去世界上最浪漫的地方度假旅游，林楠看着我，眼睛都在冒着小星星，拍着手说，我相信你，我们一定会幸福的。

我觉得，年轻就应该有梦想，即使在别人眼中是白日梦，也要大胆地去做，爱情需要有期待，有浪漫，有世界上最好听的甜言蜜语。

4

可是，年轻无知就得付出代价。

我们的创业公司失败了，在苦苦支撑了将近一年之后，不了了之，那些最初的梦想，憧憬的未来，化成泡沫随风而逝。

那时候，我们还欠了很多债，几个人平摊下来，也得每人几十万。我还是刚毕业，根本没钱，家境又不好，不想让父母担心，便一个人整天低迷下去，出租房里堆满了易拉罐瓶，满地的烟头也无人打扫。

那时候，我关掉了手机，不接任何人的电话，林楠来我住的地方找我，我没有开门，就这样懦弱地待在自己的屋子里，我怕那些人来追债，我怕见到别人，我怕林楠看到我现在的样子。

酒精和尼古丁不断地麻痹着我的神经，我常常从睡梦中惊醒，没有一天能睡得踏实，我想过自杀，但终究是没那个勇气。

有时候，我们难免会在年轻时犯错，有的错有回旋的余地，有的错一踏进便真的难回头，青春可以犯错，但青春不是无敌，一瞬间的衰老，连时间都来不及赶上。

5

待在出租房半个月后，林楠和我的三个好兄弟，打开了房间的门，那一瞬间，他们身后的阳光刺得我眼睛生痛，但至少是让我感到温暖，残破的身体和枯竭的心，都慢慢有了温度。

三个好兄弟给我拼凑了一笔钱，林楠本来也要给我，但是我拒绝了，大男人主义最后作祟，让我不能去拿她的钱。

还了一部分债，压力小了很多，债主也放宽了期限，我可以工作去慢慢还。

后来我搬去了一个好兄弟那里，和他挤在一个小房间，因为床实在小，我就只能打地铺。因为要还债，我便发了疯地工作，不管什么工作，只要不违法能赚钱，我都干。

那段时间，我一下子瘦了很多，林楠每天都给我做好吃的，她让我搬到她那里去，我没去，说现在挺好，她每天给我送吃的，我也都婉言谢绝了，每次看着她红着眼走出房间时，我的心就疼得难受。

我看不到未来，看不到希望，我连自己的生活都顾不上，我又该怎么照顾林楠！我承认我自卑了，那么落魄的我连自己都讨厌，觉得自己配不上她，便不想再去打扰她。

那时候，我自以为是地认为喜欢一个人就是放手，让她去找更合适的，这该是大爱，不能自私。

6

好兄弟劝我别这样，劝我和林楠好好谈谈，可是我倔强得像头小牛，不回头，不退后。

后来，我在一场大雨后病倒了，那天我给人送快递，突如其来的大雨让我淋得像个落汤鸡，我以为这只是小事，晚上便接着去餐店做兼职，第二天便高烧不起。

迷迷糊糊中，我好像被人送到医院，旁边有女人的哭声。等我睁开眼，纯白的天花板，林楠正趴在我床前。

憔悴的脸颊，散乱的头发，我忽然发现，林楠也变瘦了好多，心被揪着酸疼。林楠慢慢睁开眼睛，看到醒来的我，露出了大大的笑容，然后起身叫来了医生。

从他们口中我才知道，自己得了急性肺炎，幸亏送医院及时，不然就很麻烦了。这几天林楠一直守在我身边，帮我擦洗，日夜坚持，连吃饭都只吃几口。

越听心里越痛，鼻子越酸。

出院后，回到住的地方，林楠烧了一顿丰盛的晚餐，大家一起十分开心。后来林楠回去，好兄弟跟我聊到半夜，以前很多我不知道的事情，都被道出。

7

休养好后，我不再那么拼命地干着苦力活，通过网上，向很多计算机公司投了简历，最后顺利地进入了一家不小的公司。

因为自己的基础好，很快便在公司崭露头角，深得领导喜欢，没多久便升职加薪，半年后当我拿到奖金还完最后一笔债务，我给林楠打了个电话。

一家西餐厅里，我一席西装地坐在对面，还做了一个帅气的发型，林楠来的时候，被我的样子惊住了，看我拉着她走进了餐厅，便小声对我说，这里太贵了，我们赶紧走吧。

我拉着她的手，微微笑，没回应。

点了一份她最爱的意面，还有最爱的甜点。等到快吃完时，我说去结账，不一会儿，便手捧一束玫瑰花来到她跟前，半跪地上，掏出了兜里准备很久的戒指。

嫁给我吧，林楠，从此让我来照顾你一生。我看着林楠深情地说道。

林楠捂着嘴，眼泪不停地流，然后不断地点着头，轻轻说，我愿意。

我站起来，狠狠地抱住了她。

8

在我和林楠相处的1098天，我终于向她求婚了，她终于成了我的前女友，她从此不再是我的女朋友，她成了我一生挚爱的妻子。

在我最凄惨的岁月里，是她不离不弃，在我最糟糕的年纪里，是她左右相伴，她将所有的积蓄都给了好兄弟帮我还债，她一直都在商店当销售员，挣钱给我买营养的东西，她在最美好的年华，没有享受什么，却陪我受尽了苦难。

这些我都不知道，我都不知道！

我那么愚蠢地以为，离开她就是给她幸福，自以为是地做着最伤害她的事情，以为有多懂爱，其实根本就是一个傻瓜。

真正的爱情，是希望彼此能够同甘共苦，能陪你享受多大的福，就能陪你承受多痛的苦，因为爱你，所以愿意！

9

忽然房间里吹来一阵凉气，原来空调被修好了，浑身的燥热也被散去了大半。

工作人员喊道，下一对，谷枫，林楠。

旁边的林楠，挽着我的手，笑着说到我们了，赶紧进去吧。

我理了理手中的户口本和身份证，紧紧地牵着林楠的手，走向了登记处。

单身并不是因为你有多丑多穷

1

每年都只有一个5·20，所以这天就被赋予了特殊的意义，爱情里，确实需要很多仪式感的东西，因为在意，所以用心，因为珍惜，所以特别。

看着朋友圈被刷爆的恩爱图，一只只单身汪被真实伤害暴击得体无完肤，于是便发出了自嘲的抱怨。

“好羡慕你们，像我这种矮丑穷根本没人喜欢。”

“我长得这么难看，哪有男的会喜欢我。”

“我又没钱，又穷，根本找不到女朋友。”

……

也许有些人只是当作玩笑在调侃罢了，单纯地为了迎合氛围，而有些人却往往真的将自己的单身归咎于自己的丑或穷，觉得没钱又没颜的自己，活该一辈子单身，也不配拥有爱情。

其实，世间的爱情里，有多少恋人是因为颜值和金钱而在一起？说到底，还不是两个人相处得舒服，彼此喜欢，才能长久。

很多时候，单身并不是因为你有多丑穷。

2

前段时间，约了一个朋友一起吃饭，他问我能不能带家属，我说当然欢迎了，你这小子什么时候找到女朋友了，都没有任何风声的，他回道最近才交往的，是我们一个公司的，到时见面的时候，你别为难人家啊，她是个腼腆的姑娘。

那天晚上，三个人一起去吃了杭帮菜，点完菜朋友让服务员告诉厨师别放辣，我好奇地问他怎么改口味了，以前的他可是无辣不欢，他看着身边的女朋友，红着脸说她最近感冒，医生说不能吃辛辣，我扯了扯嘴角没有说话。

一顿饭结束，到了9点多，杭州的天气，白天还热得只能穿短袖，晚上就冻得人受不了，走出饭店，朋友立马脱下自己的外套，披在了女朋友的肩上，跟我打过招呼，然后两人一起坐上了出租车。

说真的，刚开始看到朋友的女朋友时，我还很奇怪这么漂亮的姑娘怎么会喜欢上这么个穷小子，因为朋友本科毕业，在一家公司做文职，薪水很低，除去房租根本没有什么剩余，而朋友也没有那种英俊帅气的外貌，平凡如他也有这么幸福的爱情。

通过一顿饭，我才发现，他本就该配得上这种幸福，虽然不帅也没钱，但他却有着爱情里最富有、最珍贵的东西，就是深深地爱着姑娘。

可能除了爱你，我什么都没有，但这真的就已经足够了，你真心对我好，喜欢着我，这才是爱情的基石，才是以后幸福生活的保障。

爱情需要面包，但真的没有那么世俗，看得到未来的恋爱才有相处下去的必要，只要你用心，真心，决心，总会找到适合的。

3

但为何还有那么多人抱怨着，真爱难寻，仍旧过着单身的日子，不外乎以下几点吧。

不喜欢孤独，却又害怕两个人相处

其实很多人并没有谈恋爱的打算，只是在寂寞的时候，看到别人的恩爱，心里才泛起了涟漪，觉得自己该找一个伴侣了，于是便心急地找了一个觉得聊得来的人在一起，但相处后才发现彼此真的不适合，便草草了结，恢复单身，偶尔又会羡慕别人。

有时候，恋爱也是门功课，首先你得自己想学才行，强求的最后肯定没有好结果，其次，对待它你也要用心，有心理准备，身心投入后才能有所收获，不要只是抱着玩一玩的态度，你不负责任，爱情会给你好果子吃?

所以，有些单身只是自己没准备好而已，也许你现在过得挺好，只是偶尔触情感怀而已，静下来，别急躁，你想要的岁月总会给你。

原本合适就好，你却偏要完美

我经常会问身边的单身朋友，你对想找的对象有什么要求?

常常收到的回答是，我的要求不高，喜欢合适就好。然后看到他和别的姑娘交流过几次，都觉得不行，说这个性格太要强，那个长得不是我喜欢的，还有说什么彼此观点相差太大，总而言之都是不满意。

后来看到依旧单身的他，我也不再觉得惊奇，这类人很多，都是那种眼高手低，看着别人觉得都是缺点，这个不好，那个不行，其实他们从未好好审视过自己，自己什么状态，难道心里还没有底吗？

所以这些单身的，都没有正确的认识，对自己对别人，其实爱情里哪有那么完美的存在，很多时候，彼此合适就很好了，有缺点才正常，相互包容，相互理解，才能成就一份长久的爱情，而这些，他们都没有做到。

不愿妥协，更不想凑合

身边有一类单身，他们是真正有思想，有原则的，他们对于自己和想要的另一半都有着清醒的认识，认定了某个人，或者某个标准后便坚持到底，不管有多曲折和艰辛，都不愿妥协，更不想凑合。

这类人，很有原则，并不会因为世俗的压力，或者无关的人催婚而草率做出决定，他们在没有遇到时，孤单坚强地生活着，一个人吃饭，一个人工作，一个人看电影，一个人散步，遇到了，便勇敢地去追，多艰难，多辛苦都愿意去拼。

所以，有时候单身真的是没有遇到想要的，不妥协，也不将就。希望每个有想法和原则的人，都能顶住寂寞和舆论，在岁月里遇到期待的美好。

受过内伤，很难愈合

不是不爱，而是不敢爱了。这是一部分单身男女的内心写照，他们都是在爱情路上遭遇过痛苦的伤害，也曾付出真心，也曾相信爱情，可是总有个渣男和恶女，在美好的期望里，给了他们狠狠的一个巴掌，很久很久之后，表面的伤口愈合了，但心中的内伤久久未愈。

每个人都在懵懂的年纪，爱过那样一个人，纯洁而简单，那时候想着在一起可能就是一辈子了，后来痛过，便不敢轻易再去相信爱情，不愿轻易地交出真心，于是宁愿自己单身，也不再去尝试着交往。

这些单身的人，最难逃过的是自己的内心，跨不过这道坎，真的很难拨开云雾见明月，愿每个受过伤的人，找到最好的愈合师，忘掉最悲痛的回忆。

4

其实我一直在问自己，究竟什么是爱情?

后来才慢慢知道，爱情其实是一个灵魂对另一个灵魂的吸引，很多时候，都和金钱地位没有关系，和最让人动心的外貌也没有关系，找到爱情，是为了让自己和另一个灵魂更靠近一些，仅此而已。

单身不可怕，更不可耻，有人说单身才是最好的升值期，而看上去单身的人，也各自有着千百种缘由，茫茫人海中，觅到真爱确实不易，但确实存在着，也请相信着。

那些单身的人，真的不是因为你有多丑多穷，你的世界里有你的故事，别人不知道，你也不必如此自嘲，岁月静好，终有一天，你会找到。

感情都是相互的，
用心暖心

有些原以为很重要的人，你不联系他，他就真的永远不会联系你，原来这么多年你都错了，感情总是太脆弱，一段时间不联系就会冷淡。

所以，走错了路，要记得回头；爱错了人，要懂得放手。人心都是相对的，以真换真；感情都是相互的，用心暖心。

1

很久以前，不谙世事的我们总觉得落叶的悲伤能挽留风的脚步，黑夜的消散能体会黎明的孤单，我喜欢你，你也要爱我。

后来，长大了，知道有个人叫牛顿，他说世间万物都有引力，力的作用都是相互的，被世人视为定律，那么只要我喜欢你再深一点，再用力一点，肯定会有回响，我想。

有个叫小易的姑娘也曾这么认为，裹风携雨地走了段漫长的路。

她喜欢蒋军，周围的朋友都知道，她在宿舍里毫无底线地宣扬着蒋军的优秀，每次逛淘宝的时候都会给蒋军买上一件小物品，遇到什么好吃的都会打包一份带给蒋军，自从认识了蒋军，小易的人生便与这个名字缠绕在了一起，分不开，也不想去撇清。

蒋军个高，颜值高，开朗。他对身边的姑娘都很好，总是爱帮别人解决烦恼，所以很多女孩都爱找蒋军聊天，觉得他是一个可靠的好朋友。

而青春的时候，我们最难分清友情和爱情。

一点点好感便是命中注定的喜欢，一个小小的举动便暗想他是不是对我有意思，我们单纯地骚动着内心，我们无限美化着一切感情，那时候我们还相信童话，还迷醉于情话，还分不清谎话，所以后来成了别人的笑话。

2

小易本是个特别懒散的女孩，得过且过的日子里，吃着爱吃的零食，逛着喜欢的淘宝，躺着迷恋的大床，一切都那么和谐，一切都如此简单。

可遇到蒋军后，这个做任何事都没有激情的女孩坚持着跑步，只为甩掉腰间的赘肉，坚持着早起，只为带上蒋军爱吃的早餐，坚持着变美，变瘦，变得更好。

她说，很快，很快蒋军就会喜欢上她，迷恋着她，并深深爱着她。

也许上天终究是眷顾每个努力的人，终于蒋军还是和小易走到了一起，当小易牵着蒋军的手请室友吃饭的时候，双眼是涂了蜜般甜，坐落在桌前，小易的双手从未停歇，一直在给蒋军夹着菜，而蒋军则只顾着和她的室友聊天谈地。

后来的日子里，小易变得更加忙碌，她每天都要想着和蒋军去吃什么，会贴心地为蒋军织着围巾，晚上都会打电话给蒋军，而每次通话都是小易在找着话题。

身边的朋友悄悄对小易说，这段感情真的不太适合她，她只是一味地付出，一味地对蒋军好，太卑贱，也太辛苦了。

小易红着脸，大声斥责着朋友的荒谬言论，据理力争着自己和蒋军的幸福生活。

她说她就喜欢对蒋军好，说蒋军也是喜欢着她的，说他们的感情会走很久很久。

世上有种姑娘，别名傻姑娘，很傻很天真，很纯很简单。

3

三个月后，为了一件小事，蒋军和小易吵了起来，彼此冷战，互不联系。

小易每天都窝在寝室，每次拿起电话想要拨通那个熟悉的号码时，都止住了接下去的动作，她想着蒋军会打电话来道歉的，她看的电视剧里面都是这样的剧情，女孩子终究是要哄的，不能太没出息地先认怂。

可是，一个礼拜过去了，小易仍旧未等到蒋军的电话，连句问候都没有！后来室友跟她说，看到蒋军和别的姑娘一起去看电影了。

有种心碎的声音在耳边蔓延。

原来所谓的喜欢，只是自己的一厢情愿罢了，回头想想，小易才发现，这一路走来都是自己一个人在维持着这份感情，从最开始，蒋军都是局外人，未投入其中。

小易以为只要再多努力，再多喜欢，再多坚持一点，终将遇到幸福的美好，可两个人的感情，一个人再怎么掏心掏肺，也不过是独角戏，感动了自己罢了。

这个叫蒋军的男孩，狠狠地将了她的军，不拖泥带水，也毫无怜悯。

之后，她删掉了这个叫蒋军的男孩的所有联系方式，也为自己的心间竖了一道厚厚的城墙，小易说，感情还是不适合她，破碎了的心不知道要用多久才能补全，不流血，不漏风。

梦悔情深处，只怪太匆匆，怪，怪自己未见识世间的炎凉，恨，恨那天阳光正好，与你相遇。

我们总想着邂逅一段浪漫的爱情，殊不知，爱情的路上坎坷荆棘，会让我们遍体鳞伤。也许我们并不怕有多艰险，最无奈的是，我向你走了一百步，你早已奔向他处，来不及，也握不住。

4

其实，世间最幸福的感情不过是相互喜欢罢了，我爱你，你的美你的坏我都接受，你爱我，我的骄纵我的忧愁你都理解，那一百步的距离，都舍不得让彼此多走一步。

所有的感情都是相互的，将心暖心，我为你拆掉心墙，你为我卸下铠甲，一起看白云苍狗，一起听虫蝉鸟鸣，一起走桑田沧海，一起过油盐柴米。

即使不能相濡以沫，也能相忘于江湖。

从此，一别两宽，各生欢喜。

亲爱的，我走了，
这次就不等你了

一旦你驯服了什么，就要对她负责，永远地负责。

只是，满天的星星，再也没法找到藏有玫瑰花的那颗。

我们终究错过。

1

莫凡是被好兄弟于浩背到酒店房间的。

醉得不省人事，浑身上下散发着呕吐物的酸臭味，也就于浩跟他关系铁，才不顾满身脏污，不离不弃地将他背到了酒店。

看着大字型躺在床上的莫凡，于浩心里也挺不是滋味的。

他知道凡子心里苦，懂他的痛，所以在酒席上任着他去醉。

醉了好，醉了就没烦恼，醉了就不会痛，醉了就全都能忘了。

清醒的我们无法直面现实的残酷，于是开始麻痹自己，迟钝的神经至少不会感觉那么痛。

可当于浩转身时，还是听见了莫凡嘴中喊着夏莹的名字。

原来，有些人，醉了都忘不掉。

2

日历上说今天是黄道吉日，宜嫁娶。

天还未亮，睡梦中的于浩就被莫凡给掀开了被子。

“赶紧去洗漱，7点就去做造型，老板可说了，今天的人特多，等下保不齐要搞到几点，下午还得去拿西装和鲜花，快点穿好衣服，别错过了时间。”莫凡一边刷着牙，一边催道。

“好啦好啦，不就去参加个婚礼嘛，搞得跟你结婚一般。”于浩朦胧着眼睛抱怨道。

莫凡的脸色瞬间黯淡下来，几许无奈，轻轻呢喃道：“是哦，又不是我结婚……”

忙碌了整天，手捧鲜花，盛装出席的莫凡，看着满座的来宾，除了身边的于浩都是陌生的面孔，很紧张，手心都出了汗。

终于，帅气的新郎牵着新娘的手出现，洁白纱裙的夏莹好美好美，可能是莫凡见过最漂亮的一次了，难怪人们常说，结婚的女人是世上最美的女人。

有点心酸，那么美的你，却成了别人的新娘。

看着台上那么幸福的一对，莫凡是面带笑容的，眯着的小眼没丢失过新娘的影子。

当新娘在见证人面前说完我愿意，当新郎将指环戴在新娘左手无名指上时，莫凡的心莫名地空了一块，好大好大一块，跟着大家一起鼓掌祝福，他知道，从此之后记忆中那个夏莹就真的只剩记忆了。

夏莹，这次我就不等你了，看到你身边有个男子守护，我前面的路还好长好长，我怕自己走不完，就先走了。

3

莫凡和夏莹，相识得很早。

初中二年级的时候，由于夏莹父亲工作的原因，夏莹转学到莫凡的学校，被安排到一个班。

那时候的夏莹还是个未长开的小姑娘，个子矮矮的，留着个标准的学生发，还带着一副牙套，在别人眼中整个一丑小鸭的样子。但夏莹的成绩很好，每次考试的时候都能考到前三名，是老师眼中的标准好学生。

在夏莹没来之前，莫凡能稳稳地坐到班级第一的宝座，可夏莹转到他的班级之后，好多次两人的名次都是交替互换的，一来二去，他便注意到这个个子矮矮却学习很好的女孩了。

初中时代，世俗的分数观念狠狠地束缚着每一个学生，老师评价学生、学生谈论学生，都是以他们的成绩来衡量的，那些自以为聪明绝顶，却每次吊车尾的同学，都是老师们教育的对象，学生们排挤的人群，很无奈，但真的很现实。

而这些人们口中的“小混混”，十分看不起那些老师眼中的“好学生”，盲目地将老师对他们的差别对待埋怨到这群“好学生”身上，他们本性本不坏，他们也想得到老师家长的喜爱，他们的恶作剧，只是想让老师别忘了还有他们存在。

放学的傍晚，当莫凡看到蹲在自行车边抹着眼泪的夏莹时，他知道，肯定是班上的那几个捉弄了这个姑娘。

“车胎破了而已，去王师傅那儿修一下就好了。”

抬起埋在胸口的脑袋，双眼通红的夏莹问道：“能修好吗？你看这整个都凹下去了。”

后来，当莫凡推着车陪夏莹一起走在回家的路上时，夏莹高兴得像个小猴子般，她说，原来自己喜爱的车子没有坏掉，吓死自己了。完全没有去埋怨弄坏她车子的人。

那时候莫凡心里念叨着，真是一个善良的姑娘。

由于夏莹是转学生，刚来时都没什么朋友，莫凡成了她第一个，也是最知心的朋友。

冬天的时候，天亮得特别晚，夏莹就跟莫凡抱怨，早上一个人骑车来学校，总是心慌慌的，害怕会撞到鬼。

老实说，莫凡胆子也挺小的，但他还是看着夏莹的眼睛，坚定地说道，以后早上我提前在你们小区门口等你，咱俩一起走。

莫凡家离夏莹家的小区不远，只是要穿过几条小路。

从那之后，莫凡就每天早早起床，骑车拐过几个路口后到夏莹家的小区门口等候着，然后两人一起骑着车去学校。

原来天黑的时候，有个人陪着你，真的好好。彼此聊聊天就到了学校，那条平时一个人骑仿佛要一个小时的路，怎么两个人一起那么快就到了呢？

那时的他们，还不懂什么是爱情。只知道，有个好朋友陪着，什么夜路都敢走，那份信任和依赖，彼此从未忘怀。

这一等就是两年，后来的莫凡每天都会提前等着夏莹，然后两人再一起去学校。不管下雨飘雪，不论春夏秋冬。

夏莹家小区的门前，总是有个骑单车的少年，默默地等在那里，仿佛在等待着心中最珍贵的东西。

时间就在等候中悄悄走过。

当中考结束，莫凡对夏莹说：“以后不能再骑车在你们小区门口等你了。”

“我们可以填一个高中嘛，到时又能一起学习了。”

“那我在一高等你！”

4

终究夏莹没来一高。

那天电话里，夏莹哭得像个小孩，她说：“莫凡，我去不了一高了，我考砸了！”

“没事儿，别哭了，我会等着你，等你一起考Z大。”

“整整三年，你会等我吗？你到时会不会忘了我？”

“怎么会，你见过有人忘记呼吸睡觉吗？”

“呼吸睡觉是本能，怎么会忘记？”

“对呀，想你成了我的本能，又怎么会忘记？”

高中三年，是整个求学生涯最苦的三年，高考这座独木桥太窄，而这又是通往梦想最近的阶梯，于是我们拼命地学习，生怕自己被别人挤下来。

高中的莫凡，除了学习，就是边想夏莹边学习，多少个孤独烦躁的夜晚，多少次失利疲惫的午后，多少次想要放弃的时候，莫凡都会想到夏莹，想到要一起去Z大的女孩，怎么可以放弃，怎么可以自弃呢?

于是喝完咖啡继续深夜苦读，擦干泪水继续做卷，想着夏莹努力奋斗。

上天是眷顾每个人的，当你付出极大的努力时，时间是会让你看到成果的。

当莫凡收到Z大的通知书时，首先想到的是夏莹，那个三年前约定好的女孩。

5

看着眼前的美女，莫凡发现夏莹真的变漂亮了。

一袭白色碎花裙，披肩的长发，摘下牙套的牙齿变得格外整齐好看，她不再只是那个只会读书的善良姑娘了，我的夏莹姑娘变成夏莹美人了。

“我们终于在一起了。”牵着夏莹柔荑的手，莫凡感慨地说道。

“我又没答应你，你还没问人家愿不愿意当你女朋友呢。”夏莹狡黠地说道。

“那你愿不愿意做我的女朋友呢？”

“我愿意！”

莫凡终于和夏莹在一起，在彼此约定好的大学里。

每次约会的时候，莫凡总是会提前在夏莹的寝室楼下等她，看着夏莹走到自己跟前，莫凡总会想起那个骑着单车在冷风中瑟瑟发抖的男孩。

莫凡很爱夏莹，他带她去吃她爱吃的，一起去看她爱看的电影，存钱去她想要去的地方旅游，他想要给她所有，只要他有。

可是爱情是两个人的事，他渐渐觉得夏莹不是那么喜欢他了，给她发信息，总是回得很慢，说好一起去吃饭，也老是推推拉拉。

后来，当莫凡看到夏莹牵着一个高高帅帅的男生的手时，他明白了所有事情。

那天晚上，莫凡打电话给夏莹，问她是不是喜欢上别人了。

夏莹说，是的，不好意思，辜负了你的喜欢。

莫凡沉默了好久，没骂没闹，只是说了句，我等你，等你看清楚谁才是最爱你的那个。

事实证明，那个高高帅帅的男生确实很花心，夏莹发现他脚踏两条船时，就和他分了手。

分手那天，夏莹给莫凡打了电话，什么都没说，只是使劲哭，使劲哭，像那次中考失利一样。

莫凡轻声道，没事儿，我等着你，你要是累了就在我这儿停留吧。

6

原来，好多事情都勉强不来，不是我等你，你就会来。

直到毕业，莫凡也没等到夏莹，夏莹也没在大学里再谈过恋爱，两个人就这么以朋友的名义继续来往着。

两人的心中都清楚，只是有些事，说出来就真的没意思了。

毕业那天，莫凡给夏莹发了条短信，说，夏莹，我去上海发展了，我还在等你，哪天你累了，联系我，我会立马来到你身边。

两年后的莫凡，收到夏莹的短信。

这是她毕业之后，第一次发给自己的短信。

内容是，莫凡，我下个月15号在XX酒店举办婚礼，你一定要来哦。

莫凡回了句，好的，必到！

7

宴席那天，莫凡是拉着自己好兄弟于浩一起去的。

盛装出席。

看到了洁白纱裙的夏莹，也看到了他的王子，很般配的两人。

只是看到那么幸福的两人，心里空空的。

酒席上，莫凡喝了整整两瓶红酒和五瓶啤酒，后来就完全不知道发生什么了。

第二天中午，睁开眼时，发现自己躺在酒店的床上，肯定是于浩抬自己回来的。

浑身的臭味让自己想要呕吐，于是冲了个澡。

洗完躺在床上，看到桌子上的喜帖，莫凡拿起了手机，给夏莹发了条短信。

“亲爱的，请允许我最后一次这么喊你，看到你这么幸福真的很高兴，再也不担心你会夜晚没人陪，哭了没人哄，苦了没人疼；再也不担心你孤单地走陌生的路；再也不担心那么善良的你被社会残忍对待。看到你找到自己的港湾，再也不用一直等着你靠岸了，这一次，我先走了，就不等你了！——曾经那么爱你的凡。”

后来没收到夏莹的回信，莫凡跟于浩坐了当晚的动车回到上海。

一来一回，舍弃了曾经的整个人生。

8

总有一天，我们分离的时间会超过我们在一起的时间，会越过我们认识的时间，所有的争吵都被时间模糊掉，所有的甜蜜过往也都会被冲淡。我不再在清晨黄昏想起你来，只是偶然经历似曾相识的瞬间，才突然发觉我们已经越走越远。

就这样我们都不要回头，真的挺好。

那些等你的雨天黑夜，那些等你的岁月韶光，都会刻印在最美好的记忆中。

我等你，是因为我放不下你，担心你受委屈。

既然你都找到了幸福，

这次，我就先走了，不再等你了，亲爱的。

世界对你好，因为你值得

世间最容易被辜负同时最不怕被辜负的就是努力，你有多难熬，你有多幸运，从来都不是老天能决定的，执掌命运之神的那个人，一直都是你自己。

1

今天是个挺好的日子，端午放假，昨天加班到很晚，睡了一个舒服的懒觉。

睁开眼翻看枕边的手机，众多推送消息中，老徐的微信一眼就被捕捉到，抖了抖还在浅迷糊中的大脑，认真看了一遍他发来的消息，整个人一哆嗦，瞬间清醒，既而狂喜，接着直接蹦下床，拨通了那个熟悉的号码。

嘟嘟嘟声后，老徐很快接通了电话。

“可以呀，你小子，终于给你兄弟争了口气，没白费这几年大哥浇灌的心灵鸡汤，铁树也还是能开花的嘛。”没等老徐开口，我便一顿乱轰。

“哈哈哈，你就别埋汰我了，考的分数不是很高，跟第一还差个1分多，不到最后的面试结束都不好说，不能高兴太早。”老徐笑着回道。

“长大了呀臭小子，还知道不骄不躁了，大哥很欣慰，终于看到自家儿子能够独自翱翔了，善哉善哉。”

“你继续嘲讽吧，看看到时回来有没有大餐吃。”老徐在电话那头幽幽传来了一句。

“别介呀哥，小弟错了，暑假回去一定要带我去新开的那家海鲜店，还有老李叔家的麻辣小龙虾也让我朝思暮想了好久，你这成绩已经很稳了，招5个人，基本板上钉钉的事。”我一边服软一边替老徐分析着结果。

“嗯呢，希望老天爷能够眷顾我，让我能顺利考上。”带着希冀和感慨，老徐回道。

“会的，一定会的。”我坚定地说了句。

其实还有一句未说完的话在我心中，你值得老天爷对你好！

2

说说老徐。

他是我好兄弟，我们在高中认识，而后四个臭味相投的人走到了一起，成了关系最铁的好哥们，后来大学由于各种原因，四人就此分离，南上北下。

我来到了杭州，老徐则去了秦皇岛，我学会了吃杭帮菜，他学会了喝白酒，杭州夏天简直火炉，秦皇岛的冬天室外都不敢尿尿，我一直单身，他谈了个温柔善良的女朋友，我变胖了，他也是。

记得在我们四个收到通知书之后，约定好了到时一起考研到南方来，去南京或者杭州，因为这两个地方美女多。

所以到了大三，我便开始准备起了考研，老徐也开始复习起来，考研的日子单调而漫长，但我们都坚持着，青春的时候总有一些事情是得咬着牙做下去的，因为某些约定是要用一辈子去实现的。

那一年，我正好过了分数线进了复试，而老徐则因为英语差2分被刷了下来，成绩下来的那晚，我们通了大半夜的电话，回忆起很多高中的事，那个我们都喜欢的姑娘，那个被我们四个发现的秘密篮球场，那整天盯着我们的班主任……他说他和女朋友分手了，我说天涯何处无芳草，他说着说着声音都沙哑了，我听着听着鼻子就变酸了，后来不知道谁先挂了，第二天醒来，满地的易拉罐瓶。

再后来，我通过了复试，读了研究生，老徐发来了祝福的短信，最后写道，等着我！

于是在我读研一的时候，老徐开始了二战，一个人在学校边租了一个小房子，每天都背着书包往图书馆去，因为英语差，还报了一个英语培训班，那段日子里，他没再更新朋友圈，默默地消失在大家眼中。

带着满满的信心，老徐走进了考场，还发了条状态，我来了！

最后，他没来，复试被刷掉了。

努力真的有用吗？坚持究竟有几分重量？他问我，我说我不知道。

狂风暴雨，泥泞沼泽，荆棘密布，看不到太阳，看不清前方的路，也不见一点点希望。

我们几个陪着他，说了很多，感觉很有道理，但又无限苍白。

他家里让他考公务员，他说他想再试一试。

今年我研二，老徐进行了第三次考研，依然没有等到他，他笑着对我说，可能老天爷对他打了个盹，没注意到他，而幸运女神也刚好开了小差，于是他被世界抛弃在最孤独的角落。

我本想安慰，却欲言又止。他说他今年会去考公务员，不能再拖下去了，他家里等不及，他也拖不起了。

原本15号出来的成绩，磕磕绊绊里，今天终于知道了排名，老徐考了第二名，机会很大，他发了条状态，感谢世界还爱着他。

3

很早以前就喜欢听薛之谦的歌，觉得这个小伙真的蛮有才华的。

可那时他就是不红，唱了很多好听的歌，却被一次次无情地埋没在各大音乐平台的最低端，那里世人的眼光根本看不到，可能连老天爷也没注意到吧。

后来，他开火锅店，在网上卖段子，很多人都有点忘了他曾经唱过歌，但他说他是个歌手，他想唱歌，唱属于他的歌。

再后来，他终于火了，大街小巷，超市里，咖啡厅，校园广播里，都是他的歌曲，人们忽然发现，原来这个叫薛之谦的唱歌真的蛮好听的，薛之谦长得也蛮帅的。

记得在一次采访里，薛之谦说，他很感谢歌迷，感谢老天爷对他这么好，让他能继续唱歌，让他的歌能继续被唱，很感恩，也很幸运。

那时候，他眼里泛着泪光。

4

在这个艰难的世界里，我们迈着沉重的步子向前走，世界无情，它从来不会轻易地怜悯任何的软弱，当我们遍体鳞伤时，手指天空，撕心裂肺地咆哮，却不能换来一丝一毫的改变，于是，我们只能继续走，继续走下去。

彷徨着，坚持着，绝望着，努力着。

可能我们自己都不知道过了多久，突然有一天，发现真的有了点点改变，发现这个世界开始温柔地对待着我们。于是我们说，感谢世界对我好，感谢生活没有抛弃我。

其实，有多少人见过老天爷，又有多少人跟幸运女神打过交道，从出生开始，我们便独自同这个世界对峙，有爱我们的人一直守护着，有我们爱的人需要被保护，于是我们拼了命地直起腰杆，咬着牙，坚持着。

磨难困苦，阳光彩虹，这一切都是我们要经历的，只有在最艰难的时刻没有放弃，继续前行，才能在以后的日子里看到世界善待你，生活成就你。

因为是你没有放弃，所以才有后来。

世界对你好，因为你值得。

爱情总需要点不完美

有这么个传说，情人节这天，当一对情侣乘的座舱转到摩天轮最高点时，彼此十指交扣，许下的愿望都能成真。

1

看着无限被缩小的房子，高空的眩鸣感达到顶峰，天气很好，能看到很远处的白云。

小软一个人买了游乐园的票，只为了坐这趟摩天轮。

今天是情人节，大街小巷里都是粉红的气息，粉色是甜蜜的象征，所以小软偏爱着粉玫瑰，她说这才有爱情的气息。

叶轩是第一个送她粉玫瑰的男生，不知道他从哪里知道的这个消息，在她大一生日的那天，叶轩突然手捧九十九朵粉玫瑰，大声地向她告了白。

当然，小软无法抗拒地答应了。

从此她便多了重身份——叶轩的女朋友。

叶轩，一个高高帅帅的男生，白白净净的挺招人喜欢。他和小软不是同一个专业的，后来听他说，从军训的时候他就看上了小软，一直没有什么信心，默默地关注着小软，从她的闺密和好朋友那里打听着她的各种喜好，精心准备了很久，才有了那场告白。

其实，叶轩是个有点腼腆的大男生，鬼知道他怎么会做出那种举动，后来每次小软问他关于那场告白的经过时，他都说太过紧张，忘记了那天究竟做过什么，然后便是一阵白眼。

爱情呀，总是能给人无限勇气。

2

原本和好友约好的一起去逛街，谁知她男友请了假坐高铁来这边，于是小软便被无情地放鸽子了，虽然很悲伤，但还是为好友开心，毕竟情人节，情侣最大。

一个人无聊地刷着街，买了点日用品，小软便准备回去，谁知，在超市的出口，一对梦魇般的身影出现在了视野中。

“好久不见。”叶轩挽着李雪的手，微笑地冲着小软打了声招呼。

“好久不见。”小软扯了扯嘴角，礼貌地回了声。

然后，三人便背向而行，没有多一句的寒暄。

走进人群里的小软，感觉胸口被重击了一拳，心底那处破了的洞，又漏了风。

小软成为叶轩的女朋友后，两人便如胶似漆般地在一起，有聊不完的话题，看不厌的电影，吃不尽的美食和逛不到头的街。

两个人一起走四季，看美景。

交往的时候，两个人都心心念念着彼此，都想尽自己最大的努力去带给对方幸福，也相信着彼此能够走得很远，于是一起学习，一起旅行，一起定下小目标然后努力去实现，那是最纯粹的喜欢，最单纯的爱。

很久以来，小软都喜欢听林宥嘉的歌，曾多次跟叶轩说以后挣钱了一定要去看林宥嘉的演唱会，要买最前排的那种，叶轩眯着眼说好。

直到很久很久以后，小软拿到了第一份工资，然后去看了林宥嘉的全国巡演，内场，一个人。

3

时间总是在幸福里走得飞快，转眼间小软和叶轩已经在一起三年多了，整个大学生涯，他们都是陪伴彼此的那个人，在最肆意的青春里，遇见你，多幸运和难得。

可，生活除了所谓的开心和幸福外，更多的是挫折和艰难。

这些日子里，小软和叶轩发生过不少争吵，有因为彼此的意见不合，有因为叶轩和哪个女孩走得太近，有因为将来的生活规划……其实，爱情只是生活里的一部分，它会和其他的事情彼此纠缠，会有冲突，更多的是我们的妥协和宽容。

没有谁的爱情一直随心随意，从来不争吵，有分歧有争辩是很正常的，爱情的最开始是因为太喜欢，但慢慢地时间久了，太喜欢便开始向太习惯转变，人都有疲劳期，会有情绪上的波动再正常不过，可所有坚持到最后的爱情，都不会因为那些小的困难而拆散，如果有，那可能代表彼此真的走不下去了，可能一方还喜欢着，虔诚着，但另一个真的不爱了，放弃了。

爱情终究是两个人的事。

大四的时候，叶轩说自己毕业了想直接留在这个城市找工作，而小软的父母则希望她能考研继续读下去，当叶轩问小软究竟怎么打算时，小软无限纠结，没有立即回复，但当天晚上她给叶轩打了电话，说了句我陪你！

4

大四快结束时，两人便开始了疯狂的投简历，去面试各种公司，但如今的大学生找工作太难了，本科毕业生如过江之鲫，而岗位又只有那么多，所以竞争十分残酷。

因为两人专业不同，所以找工作的时候需要各自去面试，这段时间两人见面的时间少了很多，彼此压力很大，晚上通话的次数都减少了很多，太累了，身心俱疲。

这天，当小软在市区面完试，准备去KFC吃点东西时，竟看到了叶轩，正准备去打招呼时，一个女生走到他身边，还挽起他的臂弯，一起排着队，而叶轩也和那个女生说着什么，露出来开心的笑容。女生叫李雪，跟叶轩一个专业，曾传言她很喜欢叶轩，但那时的小软正和叶轩热恋，也就没在意这些事情，可没想到会这样。

小软终究是没有走上去。

晚上回到学校，小软把叶轩叫出来，说了句今天她去市区银泰边的那家KFC吃东西，看到了他。眼睛微红，声音很低。

叶轩看着小软，难过的样子让人心疼，他知道自己和李雪被看到了，也如实地跟小软说了情况。原来这些年来李雪一直喜欢着他，但他和小软在一起的时候，便明白地拒绝了她，告诉她他们两个不可能，可这段时间，他一直在找工作，很辛苦也很沮丧，都不敢告诉小软，而李雪则在这个时候默默地陪着他，和他一起去面试，两个人今天还同时被一家公司录取了，渐渐地，叶轩开始动摇了。

最后，叶轩对着小软说，我们分手吧。

小软的眼泪哗啦啦就流了下来，咬着牙没出声，就这样看着叶轩，等到流不出眼泪，起身走开，说了句，好的。

没有回头，但小软听到了身后有抽泣的声音。

5

爱情是什么，从来都没有明确的定义。

什么是美好的爱情，世人也都各执其词，虽然说法千万种，但我想一段好的爱情，不管能不能走到最后，只要两个人在回忆起那段时光时，都是面带着微笑，轻轻地说句，感谢那些年，感谢你，即使最后他伤了你很深。

所以，爱情从来都没有对和错，也没有什么值不值得，只有爱没爱过，爱过了就是拥有，没爱的都是过客。

小软穿过了拥挤的人群，买了张单人的游乐园票，坐了趟很久都没坐的摩天轮。

等到座舱转到最高点时，小软双手紧扣，曾有个人告诉她，情人节这天，当一对情侣乘的座舱转到摩天轮最高点时，彼此十指交扣，许下的愿望都能成真。那是叶轩第一次带她坐摩天轮，双脚发抖地在她耳边说的，她知道，叶轩严重恐高。

天气很好，看得到很远处的白云，小软双手紧扣，视线却被什么模糊了，耳机里传来了林宥嘉的声音：

……

我对你付出的青春这么多年

换来了一句谢谢你的成全

成全了你的潇洒和冒险

成全了我的碧海蓝天

……

暗恋，是条没送出去的
亲手织的灰色围巾

多年之后，你还是你，我还是我，只是我们曾隔着时间的长河，紧紧拥抱过。

1

其实一个人暗恋另一个人，这个时候，可能是她一生最难忘的时光。

菲儿快要订婚了，男朋友是个很优秀的男人，帅气阳光的外表，还对菲儿特比温柔体贴，我们都说，她的王子终究驾着七彩祥云，开着宝马来迎接她了。她总是眼中带笑，不置可否。

是呀，人的一生会遇到千万个别人，有的人闯进了你的生活，有时候你走进了别人的世界，不是注定的一对，总会在走走停停中各奔东西，终究，一个人会等到另一个人，携手欢笑，看漫天云卷云舒。

虽然日子裹满了甜蜜，但在菲儿的心中，总有一角，在背着阳光的地方，充满着疼痛，是多年的疤，是岁月的痕，是曾经最最难忘的那段时光，是青春。

2

大学的时候，菲儿背井离乡，一个人来到了南方的陌生城市，从出生到高中，菲儿几乎都在自己的小城里度过，安逸而简单。

南方的天气对北方的人十分不友好，夏天太热，冬天太冷，又过于潮湿，让菲儿都快崩溃掉。还好遇到了几个很好的室友，她们是地道的南方姑娘，教会了菲儿很多实用的经验，带着菲儿慢慢熟悉着这个陌生的环境。

上帝是个爱喝酒的老头，有时候他能准确地将很重要的人牵到一起，有时候喝醉了，就会胡乱拨弄着手中的提线，就那么巧合而又命运般地让彼此汇合，痴缠纠结，匆匆那几年。

小美是菲儿她们寝室的开心果，有点呆萌的少女，但总是会说出让人捧腹的笑话段子，除了爱说段子，小美还是一个十足的吃货，整个大学生涯，小美带着菲儿尝遍了这个城市的美食，酸甜苦辣咸，海陆空，蒸煎烤，从没放过一道。

因为小美，菲儿遇见了大顺。

那天是一年一度的美食节，正好选在了菲儿她们的学校，这个节日对于小美来说简直就是上天的恩赐，于是菲儿也被拉着去一个个摊位寻找诱人的美食，过程很疯狂，现场也是接踵摩肩，对于大学生，美食拥有着致命的诱惑，谁也逃不了躲不掉。

在小美排队等着臭豆腐时，菲儿站在旁边，双手提着满满的两大袋，都是要带回寝室的战利品。忽然，她听到一阵嘈杂声，好像是小美的叫声。

匆匆挤进了人群，小美衣服上正流淌着浓稠的汤汁，她的跟前一个高瘦的男生正捂着腿，脸色有点难看。原来是小美不看人，刚拿完臭豆腐便准备跑向菲儿那儿，谁知一个男生从旁边的摊子里走出来，滚烫的臭豆腐全都洒到男生腿上，那些汁水则洒到了小美衣服上。

意外和缘分，分不清，只能说后来发生的故事，才能给这场相遇一个明确的定义，而我们，有时候要等很久。

3

后来，菲儿才知道那个男生叫徐大顺，很糙的一个名字，却有着一张挺英俊的面庞和那对爱笑的眼睛。

还好那天大顺穿了件比较厚的牛仔裤，那么滚烫的臭豆腐直接和肌肤接触，肯定要掉层皮，去了医务室，清洗后抹了药膏，好了很多，小美一直很愧疚，但大顺却摆手眯着眼说没什么关系。当时，菲儿就觉得大顺人挺好。

慢慢地，菲儿她们和大顺便成了朋友，年轻的时候，我们都爱交朋友，觉得对方挺好，合自己的脾气就会互相留个联系方式，以后可以一起约个饭，打个球，单纯而美好。

大顺是学经济学的，开始没发现，等到了考试的时候，菲儿她们才知道原来大顺曾经拿过省数学竞赛一等奖，面对头疼的高数，大顺总能轻松解决掉，于是期末考试的时候，为了不挂科，菲儿和寝室的几个妹子便向大顺求取真经，大顺也抽出空来每天晚上给她们恶补。

小美和寝室其他几个姑娘都是理科生，虽然数学不行，但有大神指导也能勉强理解，高分拿不到，及格肯定没问题。而苦逼的菲儿作为一个纯粹的文科生，简直一个头两个大。

大顺看出菲儿的吃力，在其他人解放了之后，又联系了菲儿给她单独讲解指导。男生有很多瞬间会很帅，篮球场上挥洒汗水，跑道上终点的冲刺，还有侧着脸认真地为菲儿讲解知识时。

为一个数学智商几乎为零的姑娘讲解高数，真的比刷深渊级副本更难，但大顺总是很耐心，一遍遍，化繁为简，眯着眼给菲儿详解着各种问题。

那一瞬间，菲儿是有点脸红的，只是灯光有点暗。

4

终究，菲儿全寝室都顺利通过了高数考试。她们决定请大顺吃顿大餐，便定了学校旁边最好的火锅店。

已经是快要放假的时候了，很冷，但还是没有下雪，吃完火锅已是深夜，几个满怀激情的同学在大街上纵声高歌，忽然天空飘起了星星雪花，初雪就这样不期而至。

大顺看着天空撒下的雪花，开心得像个孩子，看着孩子般的大顺，菲儿温柔地扬起嘴角。

“呀，终于下雪了，我们明天去操场打雪仗吧。”大顺向众人喊道。

“好呀好呀，你明天早上记得喊我们。”小美一边旋转一边说道。

“没问题。”

第二天，白雪皑皑，大顺准时来喊菲儿她们，吃过早餐，一群人在操场上疯狂追打，最后还堆了一个大大的雪人，菲儿说就叫他大顺吧，反正顺口，众人一致默认，大顺也只有眯着眼。

没过几天，学校便放了寒假，在万般不舍中，菲儿和室友挥手道别，大顺主动请缨要送菲儿去火车站，一路上两人聊天谈地，快上车时，大顺还买来一大包零食，都是菲儿爱吃的。

“明年见，一路顺风。”

“明年见。”

很久很久之后，菲儿说，在所有的道别中，她最讨厌的就是明年见，我们一脸茫然，她却斩钉截铁。

5

新学期开始，春天的气息里，学生返回了校园。

南方的春天还是很冷，菲儿裹着厚厚的羽绒服，把行李箱打开，分发了带给室友们的礼物，都是北方的特产和特色小物品，但都是她精心挑选的。

“这个袋子是给谁的呀，包装得这么精致？”小美指着行李箱角落的袋子狡黠地问道。

“是一个朋友的啦，真是八卦。”菲儿赶紧合上行李箱，引来一片嬉笑声。

出了太阳，但还是能呼出雾气，拿着精心包装的袋子，菲儿站在操场边，一边用脚画着圈一边默默等候着，看到大顺走来，心跳渐渐加速。

“菲儿回来了，寒假过得好么？”大顺走向菲儿，开口问道。

“还好。”看着大顺脖子上的红围巾，菲儿轻声回道。

“你脖子上的围巾挺好看的，新买的么？”怀着忐忑的心情，菲儿一边看着操场，一边问道。

摸了摸头，眯着眼，大顺不好意思地回道，“女朋友给我买的，颜色有点亮哈。”

“很好看，很适合你。”菲儿轻声说。

回到宿舍，也许累了，也许南方的早春太冷了，菲儿钻进被子，这样比较暖和点。桌子上放着那个精致的袋子，袋子里装着一条灰色的围巾，是一个姑娘在寒假求她妈妈教她织的，姑娘很笨，被针戳破了很多次手指，就这样一边流血一边坚持着，终于赶在假期结束的时候织好了。

去年的冬天，菲儿就发现大顺没有围巾，经常用手摩擦着脖子，她便暗下决心给他织条。她选了他最爱的灰色，一针一线，推掉了很多聚餐，放弃了很多逛街，带着深深的爱和美好，全部织了进去。

可人家，有了红色的围巾。

很多人曾问我，暗恋是什么？我也曾问过自己，暗恋是什么？

一个人默默地喜欢着一个人就是暗恋么？一个人默默地为另一个人无悔地付出就是暗恋么？一个人被一个人不经意间伤得体无完肤就是暗恋么？

或许是，或许不是，也许不全是，也许全不是。

暗恋，是条没送出去亲手织的灰色围巾。

从前从前
有个人爱你很久

1

11：30从实验室出来，到寝室11：55，室友已经睡了，去洗了个澡，打开电脑12：20。

今晚在杭州看到了星星，有点开心。

记不得多久没写东西了，很久很久了吧，但是忘不了为了什么开始写东西的。

最近很忙，在赶一个项目，自己是主要负责人，所有的事情一股脑儿地压了过来，只能拼了命地去完成，明天白天肯定没时间写，所以晚上敲起了键盘。

姑娘，生日快乐。

2

最近看到一个很火的视频，薛之谦在上海演唱会上为前妻弹唱了《安和桥》，一个十年前承诺要为她弹一首歌，一个悄然来到了演唱会的现场，当薛之谦拨弄琴弦的那刻，其实心里还是蛮感动的。

我对你说过，所以我一直记得，哪怕时间多久，只要我能，终不负卿。

你对我说的，我从未忘却，不管岁月多无情，只要你来，如期赴约。

承诺有时候连个屁的重量都没有，有的人前一秒信誓旦旦，下一秒便过眼云烟，而承诺有时候却比生命还重，那是烙印在灵魂里的印记，怎么能忘？怎么敢忘？

我觉得人的一生，很多事情早就被命运安排好了，你会遇见谁，你会记着谁，你会忘掉谁，都不是你能决定得了的，那是命，遇到了便是一辈子的事情。

我挺不信命的，除了你。

但生活从来都不会允许一个人驻足原地很久，你被它推着赶着步步前行，你泪流满面步步回头，发现那些最珍贵的人或物，都消失于视野。

所以，我不断前进，因为我在原地等了很久，看到你走远，看到你牵着别人的手幸福地走远，我心如刀绞，泪眼模糊，但我笑了，边哭边笑地走了。

不是说一个人等一个人就能等到，就如同你在地铁口永远等不到船舶，太牵强，容易受伤，容易痛。

3

姑娘过得挺好，不知不觉已经两年了，时间在忙碌中总是如此让人不珍惜，后来很少看到姑娘的状态，后来知道微信有分组可见这个功能，后来知道姑娘有了个帅气的男友，后来就没有后来了。

可能有些人遇见，就已经花光了所有的运气，又该如何奢求再有后续呢?

青春呢，怎么说，有点仓促，很多时候我们要想到什么就去做什么，做不做得好不是首要考虑的事情，去不去做才是最重要的，因为这个世界上每天都会有亿万个遗憾，下一刻会有亿万万个后悔，但却没有一颗后悔药，所以，趁着年轻，多走点弯路，多撞几次头，多摔几跤，头破血流后才能大哭大笑大声歌唱。

现在已经1：10，精神有点恍惚，满脑子都是项目里的数据库，偶尔会出现姑娘曾经的笑脸。

我这人太念旧，有点懒，不想太去拼命，有点安逸，但认定了某件事真的会拼了命地去实现，喜欢上某件事物，可能会大半辈子，太执拗。

心心念念的都是姑娘的好，可能姑娘都不知道有个人曾那么那么喜欢她，其实这样挺好，喜欢和被喜欢都是一件幸福的事情，我和她其实都是幸福的人。

姑娘过得挺好，我也在一步步前行，彼此不打扰，挺好。

这个世界太大，每天都会有人分离和相遇，有无数人欢笑，也有千万人在哭泣，夜很黑，星星很美。

我知道昨天的酒醉不倒今天的人，我知道蒲公英在离太阳最远的地方播下种子，我知道你在没我的世界里会一直幸福美好。

正如我知道这个世界有太多太多遗憾。

所以，你好，再见。

冷暴力，感情中最残忍的刽子手

冷暴力如果有用，那还需要沟通干什么？

1

自己是个挺不擅长交流的人，很多事情都喜欢放在心上，遇到了让自己不如意的事情也不会去表达沟通，关在自己的世界里，唱着没有观众的独角戏。

随着年岁的增长，慢慢发现曾经的自己是个地地道道的冷暴力患者，没错，就是冷暴力！

自己以为的不关别人事的做法，实际上给了在意自己的人最真切的伤害，比肉体上的疼痛更磨人的莫过于精神上的摧残，也许幼稚，也许无知，甚至可能是过分的执拗，不知不觉中，那些最深情的关心中，自己亲手划下或大或小的伤口。

如果能够正面解决的事情，千万别采取漠视的冷暴力，人心柔软，伤疤多了，总会难愈，别让深爱的人心碎，别让以后的自己后悔。

2

我出生在一个普通的家庭，生活不富裕但很幸福，我时常感恩生命，因为它，才让所有的存在变得意义非凡。

老爸是个挺严肃的人，总是对我很严格，我害怕又敬畏着他，我知道，他后脑上的乌黑从来都不是因为自己而花白。

老妈则是个温柔善良的女子，可能儿子天生就跟老妈亲，我打小就喜欢和老妈说着自己的小秘密，有什么烦恼也爱跟她抱怨，她总会笑着说我是长不大的小孩。

我从小就很乖巧，学习和生活上很少让父母烦恼，但我有个坏毛病就是不爱交谈，很多事都不轻易说出自己的想法，埋在心底，用最幼稚的方法道出自己的委屈和不满。

记得小时候，我有什么不开心的事情，就把自己关在房间，不搭理老妈的叫唤，吃饭的时候，就吃两口，或者不吃菜，就是默默地低着头，什么都不言语。后来稍微年长，遇到自己想要的东西，但是父母又不给买，便一路都不吭声，原本一家人开心地出来逛街，最后因为自己都郁郁寡欢，一阵沉默。

印象最深的一次，就是在高考后，因为成绩出奇地差，那天把自己反锁在房间，不论老爸老妈怎么呼喊都不搭理，一整天都没吃东西，后来就一直躺在床上，几天里一步房门都不出。

老妈实在担心我，半夜便悄悄走进我的房间，我捂着被子假装睡觉，老妈让我有什么想法就说出来，哭一阵也好，别憋着自己，断断续续中，我听到了老妈的呜咽抽泣声，那一瞬间我心房紧收，才知道自己究竟做了怎样的错事。

有时候成长来不及跟我们打招呼，一个想法，便已不再幼稚。

后来的我依旧不太爱交流，但我很多事情都会跟父母说出自己的想法，或好或坏，或赞同或反对，我都愿意同他们交流。

父母是对你最无私的人，即使你伤他们多痛多深，他们依旧流着泪笑着跟你说，孩子，你还好吧。不要再用愚蠢的冷暴力加快他们变老的速度，真的时间无情第一，当你追不上他们走的步伐时，该有多后悔无奈！

3

我也曾在感情中悄然实施了冷暴力，现在孑然一身的自己，为那些做过的蠢事感到无限后悔，如果能重来，多想把该说的话好好说，该体谅的不执着。

曾喜欢个姑娘，自己觉得她是最漂亮的女孩，温柔可爱，满眼都是自己喜欢的样子。

我们当过好朋友，好兄弟，甚至好闺密，我们曾经无话不谈，可最后还是成了最熟悉的陌生人，如今的我，希望她能过得幸福，被这个世界温柔以待。

在彼此暧昧的那段时光里，我想我做了很多愚蠢的事情，一些事情，加上自己那点可怜的自尊心，当发生矛盾的时候，我竟然选择了最无用的冷战，一个星期没有交流，拉黑了她的微信和QQ，幼稚地以为这才是最好的做法。

其实，在恋爱中，那些或轻或重的冷暴力时常发生，男女都会有，当他们采取冷漠的态度时，心情会十分微妙，明明很在乎对方，希望获得对方的重视，让对方满世界找自己，以此来满足自己的虚荣心，又不搭理对方任何交流，拒绝接受各种道歉，以为这样才能好好惩罚对方，能够让他们有深刻教训。

虽然会有一些成功的例子，但这种解决矛盾和问题的方法有很大隐患，一旦再次爆发，就是分手最直接的导火索。

后来我跟姑娘和好了，但总感觉彼此间出现了一条缝隙，很多话已不再酣畅交流了，心中打了结，解开就已十分困难。

记得姑娘跟我说的一句话，阿春，以后有什么问题你可以直接和我说，我讨厌被人拉黑的感觉，那是一种背叛，是一种抛弃。

很久很久后，我才发现你拉黑别人时，其实在心里就已经抛弃了她，说什么多喜欢，也不过是最狡猾的托词罢了。你自己实施的冷暴力，苦果终究会落给自己。

4

语言最大的魅力不是生气时候的骂娘，虽然那也很过瘾，而是用来沟通，每个人都有自己的想法，在心底，别人看不见也听不到，你只有说出来，才能让别人了解你的看法，走进你的心房，如若你自己高高立起心墙，别人再努力也只能站在墙外，不知冷暖。

也许会有人真的不爱坦露心事，但除了语言，我们还有文字呀，动不了口，我们可以改动手，你的想法会在字里行间流淌出来，别人能够看到，也便能够知晓。

感情从来都是彼此相互的事情，因为在乎，因为喜欢，因为爱，总有人会在你周围陪你成长，伴你度过最艰难的岁月。

而这些最关心你的人，这些你最爱的人，需要你用真心去珍惜，互相体谅，彼此沟通，有矛盾和问题，大家开诚布公，终究会有个说法。

再坚固牢靠的感情，也禁不住冷暴力的屠伐，这位最残忍的刽子手不经意间便会斩断多少美好，手起刀落，便陌路以后，痛苦，无奈，后悔。

冷暴力有时候比肉体上的暴力更残忍，你是情绪的掌控者，是行为的实施者，所以，要想摆脱它只能靠你自己。

即使成不了最温暖的那个，也不要变成最冷酷的那位！

单身久了，
你是否也成了爱无能患者

1

单身久了，可能连喜欢个人也觉得累，然后就会选择不去喜欢任何人。

习惯了一个人吃饭，一个人睡觉，一个人看电影，一个人乘地铁，一个人去医院，一个人上下班。斑驳的日子里，一切如流水般平静，只是会在夜深人静时看着窗外轻叹，会在逛街时看到手牵手时向往，会在第二杯半价的冰激凌店苦笑。

其实，单身也会上瘾，当你沉溺于此，尝到了自由的无拘，金钱的随心，时间的掌控，它就仿佛毒品般，想戒掉都难。但老天是公平的，你在单身时有多享受，等你恋爱时就有多难受。

很多单身久了的人，就越害怕恋爱，害怕彼此的磨合，害怕相处的种种，所以，能够自己选择的时候，这些人肯定不会刻意去接触新的人群，虽然他们成天嚷嚷着要找个漂亮的女友或者帅气的男友，可真的真枪实弹时，往往都萎蔫得不行。

也许，单身久了，真的会变成爱无能。

2

在这个高龄单身比同性恋还受歧视的年代，仍然有一批人整天忍受着父母和亲朋好友的催促，巨大的压力下，有些人将就着找了个男女朋友，落得悲剧的下场，抑或有人一直苦苦等待所谓的合适的人，无疾而终，到最后越来越多的人都成了爱无能的患者。

爱无能患者的几大症状，你中招了吗？

不知道该如何对别人好

说实话，单身太久，我们早就养成了独处的习惯，一个人心情好的时候约三五好友出去high下，工作忙时便外卖泡面随便解决，衣服随着季节在变化，除非陪着闺密和好友，不然不太爱一个人逛街。

久而久之，我们渐渐忘记了如何去对一个人好，甚至我们都不太爱跟陌生人打交道，习惯了熟悉的朋友，习惯了以前的处事方式，习惯了一个人的喜怒哀乐，尘封的心，开个口子都难。

不知道自己究竟想要什么

每每当人问道怎么还不恋爱的时候，总会回答还没有找到合适的人，别人点点头，自己苦涩一笑，究竟什么才是最合适的人？

也许那个人应该有着我们期待的外貌，有着我们喜欢的着装，抑或是应该有着我们想要的好脾气，可能今天你会觉得暖男真好，明天因为某件小事觉得他们是个渣滓，又觉得成功的男人才是最好的，就这样，在不停地变换自己的标准中，我们一无所获。

很多时候，我们都以为自己的要求很低，但总是叹息找不到合适的人，回个头想想，我们真的知道自己究竟想要找怎样的人吗？

以自我为中心

有很多单身的人，不是没有可以交往的对象，只是喜欢被别人追，喜欢被别人宠爱着，称赞着，很多事情都以自我为中心，一切条件都是自己想要的结果，别人的反对，都认为是不爱自己的表现。

其实这种人不少，过于强势，太过自我，他们不是不珍惜爱情，可能环境或者从小的习惯导致现在的格局，被人说成自私、高傲，他们也会伤心，只是不知道该如何去改变，慢慢地身边的人渐行渐远，落寞的背影被路灯拉得很长。

扬言不再相信爱情

也有很多单身的人，不是没有恋爱过，在尝过爱情的悲伤后，终究是选择了一人生活。他们看过很多分分合合，也体会过被伤害得刻骨铭心，于是便关上自己的心房，连扇窗也没有打开。

即使后来遇到了很喜欢的人，仍旧迟迟不敢行动，抱着怀疑的态度，铭记着被伤害的痛楚，这类人过于放大了爱情的负面，将看到过的分离记得特别牢，甚至开始恐惧爱情，觉得那些看起来的美好都是泡沫，都会悲剧收场。

她们说再也不相信爱情，可她们为何一直在苦苦寻找，傻傻等候，终究难为的都是自己。

太过在乎外界的看法

有些人找男女朋友，仿佛是在为闺密或别人寻找，苦苦觅得一段良缘，在旁人的三言两语中便开始审视对方，然后不断地放大他的缺点，挑出了一万种毛病，最后一脚踢开了，还高兴地说幸亏自己发现得早。

确实好友或旁人有时候看得比当局人清楚，但很多时候别人的看法真的没有那么重要，你找的人是要跟你过一辈子，也许他并不能满足所有人的标准，但他能够一心一意地对你好，这就足够了，不要太在乎外界的看法，你不是帮别人找男女友。

3

以上就是简单罗列了一些爱无能的症状，其实大千世界，远远不止这些，比较典型罢了。

也许有人会说，难道单身就一定是爱无能的吗?

当然不是！任何事情都有两面性，单身的并非都不懂爱，恋爱的也并非都了解爱的真谛，经历过，体验过才有资格道出其中精髓。

我也不认为单身就一定不好，其实单身时期才是自我升值的最好阶段，我们可以有足够的空间和时间去做自己想做的事情，制定好健身表，学好一门外语，看完自己喜欢的书，跟朋友一起去远方旅游。

单身并非代表着放纵，你是没有他人的约束，也没有对别人负责的义务，当放浪形骸终究是一场醉生梦死，酒消梦醒，一切都是虚幻。

所以，握住的才是真实，脚踏的才是实地，梦想也不过是一个人孤独的旅行。

4

无论如何，我都希望你们能够保留爱的能力，能够好好地去爱别人，也能好好地爱自己，这样才对得起日出月落，朝霞满天。

单身太久，不是爱得太深，伤得太痛，就是爱得不够，还不懂爱。也许太久的独处，习惯了孤独的滋味，风霜雨雪，一个人度过了所有，在某个加班深夜的凌晨，城市车水马龙，轻轻叹，这样，也挺好。

耐得了寂寞，才能更懂得两个人的美好，我们拼了命地变好，不断地努力，不也是终其一生，寻得一不离不弃之人吗?

单身时，一个人要好好生活，相爱时，两个人要互相幸福。尘世间，唯有爱能创造希望，我们可以贫穷，可以落寞，但一定要相信爱情，要能够去爱，这才是我们不可辜负的事情。

告诉你妈，我有房子了

所谓坚持，是在最黑的孤寂里踽踽前行；所谓爱情，除了咱俩我要让全世界都祝福；所谓生活，不过珍惜眼前不畏将来。

我爱你，所以多苦多累我也能顶下来，我想娶你，哪怕万千阻碍我也披荆斩棘。

1

听人说，这个世界太市侩，它能让平凡的人卑贱到骨子里，它能将脆弱的理想粉碎得残渣不剩，它能将简单的爱情裹上刺人的毛皮。

我应声，我看到过坐在快餐店里疲惫不堪的皮囊，我听到过无人夜里撕心裂肺的呐喊，我也感受到过万千行人里匆忙空虚的灵魂。

但，至少我还相信，相信着这个世界，它有温柔的臂弯，有感人的剧场，有千万个不屈的坚强灵魂。

杭州房价是摧毁无数个想留在这里的刚毕业青年的梦魇，前几年还好，跟北上广有点差距，自G20之后，疯了般的房价，几乎翻了倍，连偏僻的郊区都2万上下。

难难难。

罗志今年29岁，毕业5年，在杭州已经9年了。老家在安徽滁州，一个十分贫穷的村子里，高考后，便选了一所杭州的学校，因为这里比较发达，离家也不远，想着能在这儿有点成就，回家让父母过上好日子。

开始的开始，罗志是这么想的。

后来，故事的发展有点偏离了剧本，一个叫张薇薇的姑娘出现在他的生活里，两个人走过大学里的每个角落，看过了春花秋月，也一起走过了千百个日夜。

罗志爱着张薇薇，虽然他在这个陌生的城市里，时常会感到自卑，感觉这个城市的魂，离自己有点远。但他依然去爱了，若不是爱到心底，又怎会风雨不离。

当时，罗志想，我一定要娶这个女孩，她叫张薇薇。

2

虽然贫穷，但罗志用自己的能力最大限度地“挥霍”着，他舍不得张薇薇受委屈，能给她好点的，就一定不会将就着。所以尽管这些年来，张薇薇没跟着罗志过上什么好日子，但她却清楚地感受到罗志的爱，很深沉，很温柔，所以她一直迷恋着这个男生。

可，多久远的花期，花总是要绽放的。实习的时候，张薇薇带着罗志去见了父母，在杭州余杭区一个不错的小区里，罗志第一次看到张薇薇的家，了解了她这些年来生长的环境。

带着简单的水果，罗志随着张薇薇走进了单元房。

张薇薇的父母都在，以前提起过，她说她爸是开公司的，她妈在一个单位里上班。带着最赤诚的心，尽管紧张得手心都是汗，罗志依然挺直了腰，展现出这些年来素质教育教会他的谦逊。

那天，罗志一个人回的学校，张薇薇想要一起走的，不知道她妈跟她说了什么，最后她只好交代罗志路上要小心，回校再通电话。

最后，罗志没有打电话给张薇薇，张薇薇打电话过去，回复的是关机的提示音。

那天，罗志第一次喝醉，花了50块，买了一箱听装雪花。

3

第二天，张薇薇找到罗志，问他昨晚是怎么回事，看到她语速急切，额头浸着汗水的发丝，罗志紧紧抱住了她，轻声道，没事了，都会好的。

有点莫名的张薇薇，刚准备开口说话，但想起昨晚爸妈跟自己的谈话，仿佛知晓了些什么，然后她紧紧地搂住罗志，说道，不管发生什么，我永远在你的身边，永远爱着你。

毕业季，永远来得悄无声息。

班级的毕业照，罗志没有来得及去照，他找了一家公司实习，每天都要加班，而且每个月只能请一次假，如果违反公司规定，就会被辞退。罗志很珍惜这份工作，于是一直兢兢业业地尽力做好。

这个社会，对刚毕业的学生真的很不友好，你没有丰富的经验，一般公司不会重用你，而大学本身教给你的东西，你又学不到几分，所以所谓的那一纸文书不过是摆设，技能不足，经验不够，身体也跟不上工作力度，太艰难。

可罗志依旧坚持着，尽管每个月只能拿2000多的工资，尽管每天工作超过8个小时，尽管一直要赶最拥挤的地铁，他都忍受着，因为一无所有，所以格外珍惜。

张薇薇毕业后进了一家事业单位，她老爸跟领导很熟。她原本想和罗志一起住在出租屋里，但她父母坚决不同意，所以她每天都会回家，没有什么烦恼，父母一切都安排得妥当，不用她操心什么。

日子就在忙碌中飞逝，转眼间罗志和张薇薇毕业三年了，上天终究是眷顾努力的人，罗志的辛苦和坚持还是换来了领导的赏识，他被任命为主任，工资已经有6000多了。

张薇薇一直在催，问罗志什么时候娶她，罗志每次都会紧紧握着她的手，坚定地说，等等，再等等，我要给你最好的婚礼，我要让全世界都祝福着我们。

女人韶光太易逝，愿君能够倍珍惜。

4

世间万事皆不易，以前不懂好事多磨，后来在岁月里，才慢慢发现一件简单的事情也需要费尽千辛万苦才能完成。

我喜欢你，我爱你，我要娶你，但这不仅仅是我想就能实现的事情，我深爱着你，所以我不愿你受委屈，不想你跟家里人心存沟壑，不想你身边的人总在身后对你指指点点。

我是你选择的人，怎么能让你失望。

当罗志让张薇薇带上户口本来见他的时候，她有点搞不清状况，这些年的等待，因为看到罗志一直坚持着，不断地工作着，所以她才坚持着，她等，等着这个男人。

看到张薇薇，罗志让她上车，一路上罗志都没回答张薇薇的提问，停了车，是杭州市民政局门口。

眼泪哗哗哗地就流了下来，这时罗志开了口，薇薇你给你妈打个电话，告诉她，我有房子了，西湖区，首付已经交完。

岁月在罗志的脸上刻下了深深的痕迹，似乎两鬓都有白发了，那脸角的轮廓也被生活磨得更加坚毅了，这个男人成熟了，成了可以依靠的大山了。

罗志捧着张薇薇的脸颊，轻轻为她拭去了眼泪，吻了她的睫毛，柔声道，谢谢你这些年的等待，谢谢你一直在我身边，也谢谢你让我遇见。

今天，你终于能成为我的新娘，成为我罗志一生挚爱的妻子了。

5

有时候，爱情是自私的，我喜欢你，便想拥有着你所有的所有，想只为你悲喜，只为你阻挡人间所有的锋利；而有时候，爱情又是伟大的，两个人的爱情，却不仅仅是两个人的生活，我爱你，就不会让你受委屈，不让你难堪，也不会让爱你的人难过。

所以，爱情里从来都没有对错，只有适不适合，爱情里也没有值不值得，爱过了就要义无反顾，不爱了就各奔天涯。

每个女孩都是父母心尖的肉，谁都不想自己的女儿过得不好，所以每个深爱女孩的男孩，请都不要埋怨别人太市侩苛刻，你能做的只有不断变好，当你足够优秀的时候，又有谁能说你不好呢?

但这个过程会非常艰辛，因为这光靠你一个人去拼命是不够的，还要有深爱着你的那个姑娘，相信着你，为你守候，为你等待，不去张望这个世界，只盼君能归来。

所以，即使不能驾着五彩祥云，你也要成为她的盖世英雄，为她带来花轿，牵手直到偕老。

“你有没有房，我都会爱你。”

“我知道，但我更希望我们有个美好的家！”

你的备注名里
藏着你们最真实的关系

有人说世界是一张很大的网，我们站在焦点处互相连接着彼此，远近深浅，只有你自己才知道你们最真实的关系，虚与委蛇抑或是赤胆真诚也许都藏在了你的备注名里。

1

很多人是不是都觉得微信、QQ是十分私人的东西，当别人拿起你的手机时，你是否总会下意识地提醒下别乱翻你的微信，因为在那里藏着你太多的小秘密，不能公开，也不想让其他人知道。

这也许就是所谓的隐私吧，每个人都会设一道防线，不容别人轻易触碰。

最早使用微信的时候，QQ还很火，微信上只加了身边比较亲密的一些朋友，那时候的朋友圈是真正的朋友圈，里面都是好朋友的琐碎事情，后来随着微信功能的不断加强，它慢慢成为大家沟通的宠儿，你的好友圈不断扩张，那所谓的朋友圈也成了观看趣闻的好地方了。

在你的微信好友里，有你身边亲近的人，有你的同事朋友，有你的老板领导，也有见过几面的陌生人。每次聚餐之后，总会听到这句“大家留个微信，以后可以常联系”，就这样原本根本不熟的人也成了你微信好友之一。

也许你的微信里有几千个好友，但真正的好友究竟有几个呢?

其实，这些早就藏在你的备注名里了。

2

我的微信好友不多，但每次加别人的时候，我都会第一时间改好备注，不然哪天你收到一条消息，而你又忘了那个昵称，总不能尴尬地问一句，你是哪位吧。

在我的备注名里，我将自己的亲戚都按亲戚称号来命名，大姑妈、二姨父、三舅舅……诸如此类，当然了，也许你会给他们备注一个稀奇的外号，例如，我给老妈的昵称是宇宙第一无敌大美女。

然后，我会给自己亲密的朋友和关系很好的那些人备注上一些平时口头上爱喊的昵称或者外号，看到这些备注名的一般都是现实中关系很好，平时交流很多的人。

而对于那些领导和前辈们，一般我都会以他们的名字加上称号来备注，例如，王启发老师、刘虎东老板、沈一冰师兄、夏梦师姐……

而比较一般的朋友或者同事，我都会直接以他们的名字备注，这样既能很好地辨识出谁是谁，也能很好地保持距离。最后一部分人，可能是通过别人加了你，找你有事帮忙，这些人一般我都不会备注，都会显示他们的昵称，毕竟以后基本上没什么交流，那个头像和昵称会很快沉没在聊天记录里。

3

当然，每个人都有自己的习惯，可能很多人和我的备注方法不同，但是，我相信很大一部分人都会像我这样做的，按照自己的习性，给自己的微信好友备注上合适的名字。

虽然每个人的备注方式会不同，但从大数据的角度上讲，还是有一些类似处的。

例如，我们绝大多部分人都会将跟自己亲密的人填上特殊的备注名，就比如你会把你们男女朋友的备注填上最甜蜜喜欢的名字，会将自己的好闺密和兄弟备注一个特殊或挖苦的名字，会将自己暗恋的对象备注一个独一无二的名字……

同样，我们会把讨厌的人备注一个很坏很难听的名字，也许现实中大家不会撕破脸皮地骂街，但肯定会将他们备注成最难听的名字甚至拉黑。

那些我们没什么交集的好友圈里的人，我们往往都不会太用心地去备注他们的名字，很多时候不过填上真实姓名便很好了。

而没有备注的人，相信真的就只是说过话罢了，甚至有的人加上后都没有聊过一句。

所以，不要说有了谁的微信好友，就跟谁是朋友，也不要说跟谁聊过一段时间，就觉得跟这个人是很熟的关系了，你永远无法知道你在别人心中的地位，你也不知道别人是怎么备注你的名字的。

4

其实这种现象是十分常见的，我们身处这个社会，便不得不去接触千万个不同的面孔，我们想要活得更好，便不得不时时刻刻积累自己的人脉，只希望有一天自己刚好能用得着其中的一个名字，这便是社会，这就是生活！

艰难的日子逼着我们戴着厚厚的面具，透过瞳孔我们看到的都是一张张和善的脸，仿佛身边的人都是朋友，仿佛那些勾肩搭背的人都是推心置腹的好哥们，仿佛那些挽手逛街的人都是无话不谈的好闺密。

但视线触及不到的背后呢，究竟谁才是你真正的朋友，究竟你把谁当作最好的哥们，都在人心里，人心我们看不穿，隔着肚皮堆积着血肉，但从很多细枝末节里却能看出最真实的感情。

也许有人说我的微信备注名里都是随便写的，根本就没有这些那些的讲究，其实你再回头看看，不经意间，你是否也将你们的关系暴露在备注名里呢?

你的备注名里藏着你们最真实的关系，但又何妨？你知道，他们都不知道。

姑娘，
愿你的修养配得上美貌

1

老胡说，于一个姑娘而言，你永远无法用金钱换来她最宝贵的东西，你也别想用眼睛看到她最美的样子。她若爱你，愿用无价青春陪你度过艰难岁月，她最美的模样，永远不是那定格在脸上的容颜，而是你用心感触的美好。

虽然，老胡现在还没有女朋友，但我还是挺认同他这句话，说起来蛮有道理。

当网红越来越多，当微整容越来越普遍，当各种神效化妆品被热捧，你会发现身边的“美女”越来越多，超市里，地铁上，公园内……那么多貌美如花的姑娘，总是让我们的视线流连忘返。

随着年龄的增长，当我们逐渐踏入社会，发现在这个看脸的世界里，没有好的颜值该是有多吃亏。同一场面试里，在能力相近的情况下，颜值高的那个总能得到青睐；在超市推销同类型的商品时，颜值高的那家总是会吸引更多的顾客；就连相亲的时候，没有心仪的颜值也不想久坐长谈……

相比于男生，女生在这方面的影响会更大。于是越来越多的姑娘尝试着做出改变，有的是坚持锻炼，控制饮食来改变自身，有的则是通过现代技术或药物来弥补不足，当然，也会有坚持自己的生活态度，相信自己就是最好的，过着洒脱的人生。

其实不论通过什么方式，每个人最终的目的不过是想让自己变得更好，想让自己的人生活得更加精彩而已，初心都是积极美好的。

只是，在你不断变美的过程中，请别落下自己的灵魂。你拼了命地让肉体跑在前头，却发现落下的灵魂离了自己好远，到最后，自己的修养却配不上美貌，就真的可悲了。

2

昨天室友过生日，于是寝室几个便一起出去搓了一顿，因为都是学生，大家就建议到小餐馆里吃一顿就好了，免得让室友破费。

最后我们到了一家川菜馆，就在学校附近，因为这家店确实物美价廉，菜的分量足而且价格又不贵，很多学生和周围的居民都会在这里吃。

我们到店里的时候，人还不是很多，于是我们选了靠近窗户的位置，拿了菜单，各自点了几个爱吃的菜，叫了一箱啤酒，便嗑着瓜子等上菜了。

就在大家闲聊的时候，门口走进来一位大美女，真的很漂亮，披肩的乌黑长发，精致的五官，白皙的皮肤，一切美女该有的特征，在她的身上都得到完美的体现。

美女坐在离我们五桌的地方，点了几个菜后便低头玩起了手机。

而我们这桌的几个大男生都时不时地向她那瞟几眼，而后便看着对方说句，“真是猥琐”，“你也好不到哪儿去”。然后便是相视一笑。

我们点的菜很快就端了上来，大家便开了啤酒，碰了一杯，都祝福室友生日快乐，然后便吃了起来。

3

在美食和啤酒面前，我们渐渐淡忘了美女的效应，大家觥筹交错，推杯换盏，好不痛快。就在我们喝得尽兴的时候，忽然听到一个女人的大喊声，还有轻轻的呜咽抽泣声。

转头望去，原来是那位美女正在拉着一个小姑娘说着什么，小姑娘好像是老板的女儿，平时下课后会帮着店里端端菜，拿拿饮料什么的。

“你说怎么办吧，我这身衣服是前天刚买的，2000多，怎么赔吧？”依稀中听到美女冲着小姑娘在说什么赔偿，不一会儿，老板从后台走了过来，低着头向美女道歉。

原来小姑娘在端汤的时候，手滑把汤洒到了美女的衣服上，确实有点污渍，但也没有多大的事情呀，没有必要把人家小姑娘都弄哭了。

老板说给美女免单，并答应会报销美女衣服的干洗费，但美女仍旧不同意，说要赔偿全额，要换一件新的衣服，2000多块钱，也不是个小数目，人家做个生意也不容易，况且，又不是弄破了或者毁坏了什么的，就是一些油渍，是可以洗干净，不会留下印记的。

几个人围在那里，说道了挺久，小姑娘知道自己犯错了一直在哭，她的母亲出来把她拉在身边。因为快到晚餐高峰了，等下顾客肯定会特别多，老板希望美女能够退一步，而一些在店的顾客也说算了算了，但美女仍旧不依不饶。

最后经过商量，老板好像赔了一部分钱，美女才拿着包离开了。

看着美女离开的背影，仿佛没有开始那么让我们惊叹了，那修长的身影，披肩的长发，怎么在我们的眼中显得那么做作和不自然。

4

美女不美吗？不，很美。怎么看着那么美的容颜，却心生不了一点点欣赏之意呢？

应该是那完美的躯体下的灵魂有点丑陋吧，最基本的修养都没有，怎么让别人赞美呢！再精美的礼物盒，里面装着令人厌恶的东西，都无法让人为之着迷的。

这让我不禁想起，在春暖花开的日子，很多美女都结伴来学校参观游玩，美景美人都让人赏心悦目，可是，总有那么几个美女，为了定格照片的美好，摘下那娇艳的花，摆出最美的pose，拍出动人的瞬间。

照片确实拍得很好看，花美人甜，足够让人感受到春天的美好，只是，再美的照片也弥补不了你缺失的道德和修养，只活在陌生人眼中的美丽，终究是一场须臾。

5

每个姑娘都有一颗爱美的心，这无可厚非，你那么努力变好，每天坚持着锻炼，看到想吃的都咬着牙忍住了，每天护理自己的肌肤，打理自己的秀发，这种种行为，不就是想让自己更美么。

只是，当你那么急切地完善自身的形象时，请别忘了那个内在的灵魂，那属于你自己的修养，是绝对不可丢失的，你要知道，再美的花朵如果没有茁壮的根系，也无法开出最绚烂的美丽。

美丽是可以打造的，那骨子里的善良、包容、谦让却需要慢慢积累，需要你时时刻刻地铭记，只有这样，融在血液里的习惯才能流动终生，那内在的修养才能伴你活出最美的自己。

有很多明星，在荧幕上光鲜美丽，精致的美貌让无数人为之疯癫，可是一旦曝出她们的丑闻，曝出她们生活上最丑陋的地方，便又会涌出无数的黑粉，曾经那么多的美好都是泡沫，美丽的容颜终究抵不过真实的丑陋。

我们于周围很多人可能都是陌生人，留下的也不过是一面之缘，所以我们尽量留下最美的自己，但在生活中，四周都是熟悉的人，是要一起工作和生活的朋友，在他们的眼中，我们的容貌则真的没有那么重要，他们更多在意的是我们这个人，我们的性格，我们的修养，我们的为人处世。

所以啊，姑娘们，有时间请停下来思考一下，自己究竟还差点什么，对着镜子想一想，究竟自己是否辜负了这动人的美貌。

要记住，最美好的东西，都不是眼睛能够看到的，而这些，往往就是你最缺少的。

后来，我们都会
走得更远，过得更好

我们都有回不去的从前，我们都有看不见的未来，记忆之所以让人迷恋，终究是有个放不下的人，她身上淡淡的香味，闭着眼，总能清晰地缠绕着鼻尖，抹不掉，散不了……

只是，掠过回忆的枷锁，我们终究会走得更远，过得更好。

1

朋友圈里，冷晓曦晒了张结婚照，很美很漂亮。

韩磊留了条评论："冷晓曦，新婚快乐！"

微风拂过窗台，淡淡的幽香，弥漫着整个房间，馥郁的紫色花瓣，那盆薰衣草真的开花了，真好。

记忆随着花香飘到了好远，大脑沟壑中的一幕幕涌上眼前，那么远的曾经，却好似昨日的光景，淡远而温和。

如果六月的天气能够再好一点，可能韩磊就无法遇到冷晓曦，遇到这个最深爱也最放不下的女孩，那么深刻，那么永久。

那天的午后，韩磊刚刚离开图书馆，就迎来了一场倾盆大雨，早上的阳光仿佛一场幻觉消失得不见踪影，单薄的衬衫，雨水浸湿了皮肤，格外冰凉。图书馆离宿舍还有十几分钟路程，这样走回去，晚上肯定得感冒。

正当韩磊在心里默默问候这鬼天气的时候，一把印花粉伞飘至他的头顶，一身碎花连衣裙的女孩出现在他的身后：“同学，一起走吧。”柔柔的声音仿佛春天的暖风，拂过被雨水淋湿的心房，温暖而舒服。

转过头，一张精致的脸庞映入眼帘，韩磊的脸一瞬间红了起来，从未和女孩靠得这么近的他，整个小心脏都乱节奏地狂跳。“谢谢，谢谢……”脸红的韩磊紧张地回道。韩磊高过女孩很多，看到女孩吃力撑伞的模样，便主动接过雨伞。

“你好，我叫冷晓曦，是英语系大二的学生。”

“你好，我叫韩磊，是工商管理大二的学生。”

就这样，一场突来的大雨，将冷晓曦和韩磊这两个名字淋到了一起，粉色的雨伞下，刚刚还埋怨天气的韩磊，此刻正感谢着命运的眷顾，他多么希望图书馆到寝室的路程能够再远一点，最好走一个小时，不，走半天才好。

路终究是有终点的，当韩磊撑着伞和冷晓曦走到寝室楼下的时候，心里突然感觉空荡荡的，当冷晓曦笑着和韩磊告别准备离开的时候，韩磊突然叫住了她：“留个联系方式吧，下次请你吃大餐。”看着双颊微红，略带紧张的韩磊，冷晓曦眯着眼笑道：“好呀。”

2

缘分这个东西总是来得那么不经意，稍纵即逝，抓住了才有后续的故事，错过了也就只能感叹人生，缘靠天定，分在人为。

韩磊很庆幸自己在最后的时刻叫住了冷晓曦，在自己的青春里，留下了她的痕迹。

第二天的中午，冷晓曦收到一条短信，是韩磊发来的，那个高高帅帅的男孩，笑起来还带着羞涩，真是可爱。韩磊说要请她去吃火锅，就在学校边最出名的那家店，问她有没有时间。

韩磊和冷晓曦来到火锅店，等了半个小时才吃上期待已久的美味。原本韩磊以为像冷晓曦这么瘦瘦的女孩胃口应该很小，但事实却打碎了他的想法，当他放下筷子，摸了摸圆润的肚皮时，对面的冷晓曦仍在“战斗”，这时韩磊不得不承认，有一种女生叫怎么吃都不会胖。

就这样，韩磊和冷晓曦成了好朋友，额，也可以说是最好的吃货朋友。一有时间，韩磊就会叫上冷晓曦出去吃好吃的，学校周边的各种美食店都受到他俩的关照，一般晚上吃过晚饭，两人都会去旁边的电影院看最新的电影，散场后，又是一顿美味的夜宵。

那个青涩的年纪里，我们总是爱和喜欢的人一起分享最好的东西，好吃的美食，好看的电影，好听的音乐，好喝的奶茶……也许，和喜欢的人一起分享过的那些，最后才成为眼中的最好的吧。

3

除了爱吃之外，冷晓曦还喜欢养盆栽，她养的盆栽比较特别，不是什么兰花、水仙、百合这些女孩子比较偏爱的花卉，她只养薰衣草，紫色、白色和粉色都有养过，虽然经常会被她“不小心”给弄死，但她仍旧固执地偏爱着。

每次冷晓曦拉着韩磊一起去买薰衣草盆栽时，韩磊都会一脸无奈的表情，他知道，即将有一盆美丽的盆栽从这个世界消失。

其实韩磊很好奇，为什么冷晓曦这么喜欢薰衣草，因为除了爱养薰衣草盆栽外，洗衣液、香水、纸巾……这些东西，冷晓曦都用的是薰衣草味的。

“你为什么这么偏爱薰衣草呢？”

午后的阳光照得整个教室都是暖暖的，看着大口品尝着手中提拉米苏的冷晓曦，韩磊不经意地问道。

冷晓曦突然停住了手上的动作，望着窗外的竹树，仿佛在回忆着什么，风吹动着竹叶发出飒飒的响声。

“也许，在等一个花期吧，等待一个薰衣草的花期。”

阳光洒在冷晓曦的脸上，嘴角的提拉米苏碎屑还伴着乳白的奶油，那苦涩又带着些许期待的唇角，韩磊想，他忽然明白了些什么。

很多时候，偷偷喜欢一个人的心情，就好比一颗在瓶子里等待着发芽的小种子，你永远也不确定它未来是否会美丽着，是否会真正开出一朵娇艳的花，但却从未放弃过，真心而倔强地等待着。

相信你所相信的，并且永远相信它。

4

日子总是在我们匆匆行走的脚步里飞快流逝。

韩磊和冷晓曦的感情越来越深厚，两个人会吃一碗拉面，喝一杯果汁，撑一把雨伞。早上有课时，韩磊会给冷晓曦带上她爱吃的生煎，晚上自习时，冷晓曦会为韩磊买来好喝的西米露，周边的人都说他俩在谈恋爱，而每次冷晓曦都会搂着韩磊的肩膀，拍着胸口说道："我俩是最好的哥们，你见过好哥们谈恋爱吗？"

"好哥们，是呀……我们是，好哥们。"韩磊总会扯着嘴角，轻轻地念道。

小心翼翼，想要靠近却保持着最好的距离，就这样，韩磊一直陪在冷晓曦的身边，带着好兄弟的真心。

有一次冷晓曦生病了，半夜给韩磊打来电话，虚弱的声音一下子使睡梦中的韩磊清醒了过来，跳下床来，套上衣服就往冷晓曦的宿舍冲去，来到宿舍楼下，叫醒了熟睡中的楼管阿姨，惹得一阵牢骚。

夜晚的温度很低，深夜里出租车都打不到，还好学校附近有家医院，背着裹得严严实实的冷晓曦奔向医院时，冷风刮在韩磊的脸上，刀割般的疼。很累，很冷，但依然坚持到了最后。

看着躺在病床上，挂着点滴安然入睡的冷晓曦，理了理她额前散乱的发丝，韩磊露出了欣然的微笑，还好，一切都会变好。一个星期后，冷晓曦终于好了起来，又嚷着吵着让韩磊带她去吃最爱的烤肉。

5

转眼间，韩磊和冷晓曦都已经大四了，两人终究把学校周边的美食吃了个遍，趁着寒暑假两人会一起出去旅游，大三结束后的暑假，他们一起去了苏州的薰衣草庄园。

当他们站在满园的紫色花海中，风中都是淡淡的薰衣草清香。

“你知道吗，韩磊，曾经有一个人说一定会带我去看法国普罗旺斯的薰衣草，在那么个阳光明媚的午后，为我携来一株浪漫的紫色，牵着我的手，一起执子之手，与子偕老。”

说着说着，冷晓曦忽然哭了起来，趴在韩磊的肩上，哭了好久，那白色的衬衫都湿了好大一块。

也许你等待的不是薰衣草的花期，而是那个温柔的他吧，冷晓曦。

生活总是深深浅浅、光影交错，有人得到浓墨重彩，有人轻描淡写地经过，有人在你生命里屡屡划过却留不下痕迹，而有些人，遇到后就嵌入大脑回路深处，走进记忆里，仿佛不请自来，过期居留。

6

直到毕业，韩磊也没有向冷晓曦表露心声，也许冷晓曦早就知道韩磊的心意，也许她天生呆滞，没有察觉出韩磊心底最深切的喜欢，如果是这样的话，韩磊宁愿相信后者，否则，那仓促的青春就真的什么都没有了。

毕业后的冷晓曦在家里的安排下出国留学了，而韩磊则去了南方的城市读研究生，两人虽然身在异国，天各一方，但仍然保持着联系。

到了国外的冷晓曦成功地完成了博士论文，而且还交了一个外国的男友，帅气而又开朗，两个人在一起笑得很开心，而韩磊也成功地拿到了硕士学位，并且和女朋友一起去了家外企上班，女朋友温柔漂亮，两个人一起奋斗，很幸福，很美好。

当看到冷晓曦晒出结婚照时，韩磊也咧着嘴笑了起来，终究这个喜爱着薰衣草的女孩找到了属于她的王子，看到冷晓曦这么幸福，韩磊打从心底为她高兴。韩磊把照片拿给女朋友看，然后吻着她的额头说："咱们下个月也去把证领了吧。"女友微笑地点了点头。

7

青春里，我们都会经历那么一段感情，一段自以为填满整个人生的爱恋，那么倔强地坚持，最后逃不过无疾而终，落寞谢场。那时候仿佛整个人生都充满黑暗，我们走在无止尽的悲伤中，我们抱怨着爱情的脆弱，愤恨着现实的残酷，但，谁的青春里不得经历几场雷阵雨，电闪雷鸣中我们彷徨失措，可是那些不好的终究会过去，黑夜的尽头是黎明，风雨之后才有彩虹。

没等到承诺你永远的人，没牵起喜欢到无法自拔的人，没陪着说走到最后的人，确实很遗憾，很痛苦。可，那些不都是过去了么，你的今天和明天都还需要继续面对呀，我们珍惜过去的每份感情，但我们更要善待未来的每份感动。

能够回忆的都是温暖的，那些能带给你力量和感动的美好，是为了你能够走向更好的未来。

人在这个世界上其实很孤独，走那么多路，受那么多苦，都是一段经历，或感动，或哀伤，这些都会成为温暖的回忆，那丝丝暖意温润着整个心房，支撑着我们继续走很远很远，踏过泥泞，渡过艰难，还是会看到光亮。

最后的我们，都会过得更好，走得更远。

没有一段缘分，
只在天定，不靠人为

1

“阿春，你相信缘分吗？”洛小白搅着咖啡轻声问道。

“从我认识这个词开始，就一直相信它。”

“可是为什么，那么有缘的两个人最终不能在一起，真的是情深缘浅，缘分不够吗？”皱起眉角的洛小白直勾勾地看着我，问道。

我知道，她说的是她和冷小希的事。

“偶然间的相遇就是缘，只是，分是一个量词，你敬我一点，我敬你一点，这叫作分，可见分是可以叠加的，缘分的深浅也要看彼此付出多少，不然，就算再有缘，也只能是有缘无分罢了。”

洛小白低着头没有说话，只是轻轻嗯了声。

“也许，我们彼此真的没有太爱对方吧，辜负了这场缘。”洛小白幽幽地叹道。

2

以前爱看小说，爱看三毛和张爱玲的小说，看着文字间流淌的情愫，总是觉得这两个女子真是奇女子，该是经历多少颠沛，看破多少尘俗，才能写下人世间感情的真谛。

当洛小白问起我缘分时，脑海中也是立马跳出张爱玲的经典解释。

“于千万人之中，遇见你要遇见的人。于千万年之中，时间无涯的荒野里，没有早一步，也没有迟一步，遇上了也只能轻轻地说一句：哦，你也在这里吗？”

张爱玲写的这种缘分恐怕得修得几个轮回才能够得到吧。茫茫人海中，在这个浮华的世界里，有多少人能真正寻觅到自己完美的归属，又有多少人错失了最好的机缘。

缘即如风，来也是缘，去也是缘。

握不住的是风，猜不到的是缘。你不知道命运什么时候会送你一个苹果，只能在每一场不期而遇中，努力做到不错过就好了。

3

冷小希就这样突然闯进洛小白的世界，没有一点点征兆。

那是在2015年的国庆，假期里，人们都借着难得的机会进行着各种旅行，放松一下长期紧绷的情绪。

洛小白也趁着放假，和几个闺密约好一起去黄山看看，听说这个时候，会有雾凇，如果运气好的话，还能看到云海。

所有的想象都是美好的，而现实则是异常露骨。

当洛小白和闺密来到黄山脚下时，满眼的人头攒动简直让人头晕眼花，几个姑娘背着沉沉的包，格外地举步维艰。走了半天，几人才到达预定的酒店，放下背包，这才开始好好享受旅行的美妙。

拍照、美食是旅行不可缺少的部分。几个姑娘拿着手机或相机，看到有趣好玩的东西和地方，就会停下来，摆个文艺的pose，留下几张纪念的照片。整个下午，就是在走走停停，吃吃拍拍中度过。

等到晚上回到酒店时，累成狗的几人，都毫无形象地或躺或趴在床上。跟下午精神抖擞的模样形成鲜明的对比。

就在几人洗完澡，整理东西，准备明天早起去看日出时，洛小白突然惊叫了起来："我的钱包不见了，你们有没有看到？！"

开始大家都以为她可能随意放在哪个地方，找找就能出来。等半个小时后，众人翻遍了所有的包和衣服的口袋，都没发现时，才意识到，钱包可能在下午闲逛时弄丢了。

钱包里现金没多少，只是各种卡和身份证都在里面，这些东西弄丢了，再补办就很麻烦了。

后来大家的情绪都不高了，第二天的日出也没看，提前回到了学校，几人陪着洛小白一起去挂失了身份证以及银行卡。

那时候的洛小白觉得自己真是运气太背了，命运为什么会跟她开这种玩笑。

结束了郁闷的假期，便开始了正常的学习生活。

上课的第一天，熬过了整个上午的课，洛小白挽着闺密的手，一起向食堂奔去，女人，除了天生爱美之外，就只剩下爱吃了。

打好爱吃的菜，找好位置准备开始大快朵颐的时候，忽然洛小白的电话响了起来，是个陌生的号码。

"洛小白吗，我是管理系的冷小希，你丢的钱包在我这里，找个地点，我把它还给你吧。"

这是冷小希对洛小白说的第一句话。

这个男生的声音好好听，这是洛小白对冷小希的第一印象。

就这样，洛小白的生命轨道中，闯进了一个叫冷小希的男生，用他那好听的声音。

4

原来，丢钱包的那天，冷小希也在黄山游玩，偶然间发现了洛小白的钱包，看到里面的学生证，竟然是和自己一个学校的。于是便将钱包收好，等回到学校，通过各种渠道，终于弄到了洛小白的联系方式。

两人约好在学校的鸽子广场见面。

午后阳光暖暖的，当洛小白看到一个穿着白衬衫，坐在石凳上玩着手机的男孩，她知道，那就是冷小希了。

"你好，我就是洛小白，你是冷小希吗？"走到男孩跟前，洛小白柔声地问道。

"嗯，看过你的学生证了，这是你的钱包，看看有没有少什么东西。"冷小希收起手机，站起来，拿出口袋里的钱包，朝着洛小白说道，声音依旧那么好听。

查看了钱包里的东西，发现一样都没有少。洛小白微微红着脸说："真是谢谢你，东西都没少，晚上我请你吃顿饭吧，好好感谢一下你。"

看着眼前脸颊微红的可爱女孩，冷小希微微笑道："好呀，等下上完课，我们到旁边的美食广场去吃吧，我可是很能吃的，你到时别肉痛喔。"

"哈哈，没事儿，随便吃，姐请得起。"洛小白拍着胸口说道。

那天晚上，两人吃到很晚才结束，最后是冷小希送洛小白回宿舍的。

5

回到宿舍的洛小白，便和闺密说起了冷小希，笑靥如花。

"我想我喜欢上了冷小希。"洛小白最后跟闺密说道。

"有那么帅吗？怎么就一见钟情了。"闺密满带疑惑地问道。

"嗯呢，真的一见钟情了，他的声音太好听，整个人也是我理想的类型，他肯定就是我命中注定的王子。"洛小白一脸花痴地说道。

"你个花痴，还是先多多交流相处一下，然后再选择吧。"闺密提醒道。

"嗯呢，我知道的。"

那天晚上，洛小白失眠了，整夜脑子里都是冷小希的种种，脑海里回旋的都是他好听的声音。

6

洛小白和冷小希在一起了，就在两人见面后的一星期里。

洛小白说："我确定冷小希，就是我的缘分，是我的命中注定，我要和他在一起，一起携手到白头。"

刚在一起的两人，简直如胶似漆，不论上课吃饭，都腻在一起。一到周末，两人就牵手去看电影，然后去吃夜宵，最后由冷小希给个晚安吻，洛小白才不舍地回到宿舍，还不忘提醒道："明天早上要一起去吃皮蛋瘦肉粥哟，亲爱的。"

接下来的日子里，冷小希对洛小白很好，用心地带洛小白吃好吃的，有时间，就带着洛小白去江边散散步，每天准时地早安、晚安。一到什么节日，总会带来各种浪漫的惊喜，洛小白渐渐沉溺在冷小希的温柔里。

洛小白也总是给冷小希买各种礼物，只要网上看到好看的衣服，都会买下来给冷小希。经常陪他去球场，看着他打篮球的样子，眼里都是抹不开的迷恋。

热恋的两人，那么互相深爱着对方。

7

最后，洛小白还是和冷小希分手了，在两人恋爱一年零三个月后。

分手那天，洛小白哭得像个孩子，整日整夜地哭，别人怎么劝都不顶用，哭得眼睛都肿了，声音都沙哑了。

冷小希说自己真的忍受不了洛小白的性格了，那么武断自私，从没在意他的想法，两人的性格真的合不来。

不吃不喝三天后，洛小白终于像个正常人一样活着，照样去上课，准时去吃饭，只是很少再看到她单纯的笑了。

8

其实爱情是一剂最催命的毒药，一吸就上瘾，断了就痛不欲生。看着别人，我们笑着说真傻，到了我们，还是义无反顾地选择飞蛾扑火。

那时候，我们觉得自己遇到了对的人，以为他就是命运安排的缘分。

其实，两人的相遇确实是注定的缘，得到上天的缘，我们就以为能够一直走到最后，以为没有什么挫折困难会分开我们，以为命中注定的肯定无法被抛弃。

可是，我们却常常忘了，缘在天定，分靠人为！

我们往往会因缘而生情，两人相遇、相知、相识到相爱，这本就不易，需要极大的机缘才能成就，只是想要相爱到白头，更需要经营。

9

我相信缘分，亦如我相信有缘无分一般。

只是，当两人彼此珍惜，竭力相守，定然不会辜负这般良缘。

世间的幸福，
从来都没有那么容易

红颜易逝，伊不离君不弃。

君若惜，莫相离。

相濡以沫，执子之手偕老。

1

慵懒的午后，雪儿坐在庭院的吊椅上眯着眼睛，微风吹动树叶剪碎了阳光，斑驳地洒在脸上，暖暖的。腿上那只黏人的苏格兰折耳猫也蜷缩着身子，享受着午后的静谧。

手中捧着书，书签落在余秋雨的《你不懂我，我不怪你》。

林毅走了过来，白色的托盘上，端放着雪儿最爱的卡布奇诺，浓郁的香气在风中跳着舞，唤醒了迷糊中的人儿。

“老公，我要抱抱……”

“怎么了呀，小懒猫。”放下托盘，拿起杯子，坐到雪儿旁的林毅，轻轻将卡布奇诺递给她，揉了揉那熟悉的发梢，柔声道。

“刚看了篇文章，想起了曾经的我们，就突然好想哭，好想你的拥抱。”

“小蠢猫，我不是在你身边嘛，别尽瞎想了。”吻了吻雪儿的眼角，林毅微微笑道。

“曾经的我，那么不懂你，你有没有怪过我？”雪儿抿了口卡布奇诺，偏着脑袋问道。

“你不懂我，没关系呀，我一直都懂你呀，你的委屈，你的难过，你的口是心非，你的倔强胡闹，因为深爱着，怎么会责怪呢。”林毅用手指轻轻拭去雪儿嘴角残存的咖啡，轻轻道。

“老公，你真好！”雪儿的眼眶微微湿润。

“你个傻姑娘……”

爱，从来都是一件千回百转的事情。

那些牵手的幸福，从来没有那么简单，携手白头的两人中，总有人在默默经营着，我不懂你，你迁就着我，你从不怪我，你说你从未想过我们不会幸福。

2

林毅和雪儿大学是同一个专业，都是学工商管理的。

虽然在同一个专业，但两人之间的交集并不多。

那时的雪儿刚到大学，就被班上的男生推选为班花，明亮的大眼，精致的面容，再加上那温柔的声音，瞬间就能俘获那些男生的心。在别人眼中，雪儿是遗落人间的仙女，温柔美丽，楚楚动人，是每个男生心中最美的女神。而林毅虽然长得挺俊朗，但并非那种一下就能惊艳别人眼球的帅哥，属于人们眼中的耐看型。没那么普通，也不璀璨耀眼。

美丽的花朵，周围总是环绕着蝴蝶和蜜蜂。

整个大学，雪儿的追求者从未间断过。有饱读诗书的才子，有多才多艺的帅哥，有温柔体贴的暖男，也有霸道多金的富二代。形形色色的男生，都想得到雪儿的芳心暗许，只是过程确实太激烈，有的人一直坚持着，有的人却经不起挑战和挫折，早早放弃了。

世上哪有轻易得来的幸福？

太过容易，真的没那么珍惜。

雪儿在大学的生活从不缺少精彩。除了班花的头衔外，雪儿本身也很优秀，能说会唱，一手钢琴和舞蹈，总是能在学校的各大晚会上赢得如潮般的掌声。她安安静静地上着课，耐得住枯燥无聊的课程；也能积极活跃地参加各种活动，享受舞台的魅力和他人的赞赏。

开始，雪儿是不太熟悉林毅的，只是每次自己参加晚会的时候，前台的第一排总有个男生在那儿，热情地摇晃着荧光棒，大声地为她加油，男生不是很帅，但笑起来的眼睛真的挺好看。

后来，雪儿才知道林毅是和自己一个专业的。一个干净、爱学习的男生，渐渐地两人熟络起来，由生疏变成了可以一起交流玩闹的朋友。

每次当雪儿遇到什么麻烦的时候，林毅总是挺身而出；每次当雪儿一个人自习到很晚的时候，林毅也陪着在教室；每次到节日的时候，林毅总会请她去喝最爱的卡布奇诺。

那时候，身边的闺密总在雪儿耳边说：“林毅喜欢你，挺不错的男生，你要不要考虑一下呀？”

每次，雪儿都是笑着摇头道：“怎么会？他只是个好朋友而已，顶多一铁哥们，我们俩怎么会有火花……”

两个人的事，一个人真的勉强不来。

3

雪儿知道林毅喜欢自己是在大二的圣诞节晚上。

那天的杭州下起了雪，很难得。纯白的雪花洒落人间，处处是唯美，节日的欢庆里，大家一起去美食城聚了餐。

年轻的我们喜欢热闹，喜欢庆祝，喜欢一起疯癫一起醉，可能是微醺的感觉让我们彼此感觉更靠近，也可能是迷蒙的大脑，最能吐露内心的情感。

醉了的人，说的都是真心话，很真很真。

杯盘狼藉后，雪儿跟林毅他们都有点微醉了。当雪儿起身去卫生间的时候，林毅跟了过去，在卫生间门口，林毅叫住了雪儿，雪儿看着脸颊红红的林毅问道：“怎么了？林毅你有什么事吗？”

“雪儿，我有件事一直想告诉你，只是没机会，今天刚好只有我们，我想……对你说……”满脸紧张的林毅，说话都有点哆嗦。

“嗯？有什么事想跟我说的？”

“林雪儿，我爱你，深爱着你，也许你没发现，但我一直都默默地关注着你，你的开心你的笑，你的落寞你的苦，我都看在眼里，你高兴我就快乐，你皱眉我都心疼，我想照顾你，我想陪你一直走下去，我想亲手为你戴上指环，你……你能不能允许我爱你，让我当你的男朋友？”

听着林毅深情的告白，雪儿挺感动的，真的，原来被一个人喜欢，那么幸福。

但，雪儿的心中只是将林毅视为好朋友的，始终迈不过自己。

“林毅，你喝多了。”

“没有，我说的都是我最真实的想法，都是真心话。”

“不好意思，我真的一直都将你当作好朋友，我们不合适的。”

“雪儿，你真的一点点都没喜欢过我？”

“不好意思……”

后来，大家一起回学校，路上，林毅默默地走在最后，大家问他怎么了，他也只是说喝多了，慢点走才稳，惹得同学一阵哄笑。

只有雪儿知道，她也看到了林毅微红的双眼。但她什么都没说，就这样走在最前头。

你把最心酸的委屈汇成热泪。

我不懂你，你不曾怪我。

4

表白失败后的林毅，依然还是雪儿的好朋友，每当雪儿遇到什么难题的时候，他还是会第一个站出来，每当周末放假，他还是会带雪儿去喝老街的卡布奇诺。

一切都如旧，像什么都没发生过。

后来，雪儿谈了一个男朋友，是金融学院的。男孩很帅，个子高高的，篮球打得很好，而且弹得一手好吉他。他们是在学校的十佳歌手比赛中认识的，男孩追了雪儿很久，最终两人牵了手。

看着每天幸福洋溢的雪儿，林毅是带着微笑祝福的，没有因为她有了男朋友而刻意保持距离，只是雪儿跟他一起去喝咖啡的次数越来越少了。

直到快毕业，整整两年，林毅都依然默默陪在雪儿身边，合适的距离，不让雪儿感到为难。

外人眼中，两人是很好的朋友。

只是，一切伤口都保持着温度，一切温度都牵扯着疼痛，一切疼痛都呼唤着愈合，一切愈合都保留着勉强。

5

毕业后的雪儿回到了南京，留在了父母的身边，同时，也结束了她大学两年的爱情。

回到家乡的雪儿，在父母的安排下进入一家民营公司上班，日子过得清闲懒散，没有繁重的工作，没事就陪着闺密逛逛街，跟着老妈学做菜，很平凡，但很踏实。

只是在每周一的时候，都会有人给自己送来一杯爱喝的卡布奇诺，那么熟悉的味道。她每次问送咖啡的小哥时，他都说客人不让泄露信息。

于是，只好作罢，安心地喝着杯中的温暖。

毕业后的一年，这天刚下班的雪儿，看到了一身西装，手捧粉色玫瑰，手上提着最爱的卡布奇诺的林毅，他就那样站在她公司的门口，默默地等着。

看到雪儿出来，林毅走了上来，递过咖啡，送上鲜花，说了句："生日快乐，雪儿。"

林毅好像变帅了很多，褪去了稚气，多了份沉稳，那双眼睛笑起来依然好漂亮，好好看。

"林毅！你怎么会在这里？你不是在杭州的吗？"雪儿看着眼前的林毅，激动地问道。

"傻姑娘，我一直都在南京，从你回来，我就跟着过来了，没去杭州的那家公司，在这边找了份工作，现在也混到经理了。"

"为什么不去杭州的公司呀，不是听说那里条件很好吗？"

"嗯，是很好，但那个城市没有你，我不习惯。"

听着林毅的回答，雪儿突然就哭了起来，原来一直给她送咖啡的是林毅，原来永远记得她的生日的是林毅，原来一直未曾离开过的也是林毅。

她想起他们的曾经，那个一直默默支持着自己的男孩，那个喝醉了跟自己表白的男孩，那个知道自己有男朋友还真心祝福自己，帮助自己的男孩，那个说深爱着自己的男孩，原来，林毅在她的记忆中住了那么久，装得那么满。

那么用心的你，我怎么都没懂？！

6

世间的幸福总是不会来得这么轻易，你总要兜兜转转，经历几番伤心，流过几夜眼泪，然后洗尽浑身的铅华，仔细认真地体会身边一直爱你的人。

林毅说："我相信我们一定会幸福，也许会来得晚点，但它一定不会迟到，在最适合的时间里，你会看尽途中的纷扰，然后，终将发现我在默默守候，你终会读懂我最长情的告白！"

雪儿点了点头，确实，哪有简单的幸福，错过了那些年的缘分，很可惜，但真的值得，时间让我们变得更加成熟，逝去了尘世的诱惑和纷扰，让我们最终寻到属于自己的美好。

真正爱你的人，是要和你走到白头；真正的爱情，不是某一时刻的承诺和表白，而是之后一起走过的岁月；真正的缘分，也并非是冥冥注定的安排，而是两个人最后彼此认定的决心。

幸福的路上，谁不曾迷茫，谁没有绕弯。

那些艰难和挫折，终究会铸成我们期待的幸福！

谢谢你，走过我心底
最荒凉的地方，还开出了朵花

其实很多时候，失去就在一瞬间，一瞬间的疏忽。不管是多么珍惜的东西，在一瞬间就会触碰不到。

你永远不会知道，谁哪次不经意地跟你说了声再见之后，就真的不会再见了。

你也永远不会知道，明天和意外那个会先来到。

只是那些经历过的曾经，那些陪我们走过荒凉的人儿，终究在心底永远留下印记，抹不掉，忘不了。

1

下过雨的街，地面一片潮湿，往来的行人，匆匆的脚步总会溅起几滴水花。

陪着夕颜无聊地轧着马路，雨后的空气闻得到泥土的味道，初春的日子里，仿佛有嫩芽的气息在悄悄弥漫。

是的，寒冷的冬天终究是要过去了，春天，也会踏着绿叶百花如期而至。

逛酸了脚步，便和夕颜在街边的咖啡店找了空位置坐下来，点了她爱喝的拿铁，两人便闲聊了起来。

夕颜在北方的城市求学，一年只能见几次面，每次放假回来不到半个月就得收拾行李准备去学校，所以每次的假期，对于我们都十分珍贵。

老朋友之间总是会有聊不完的话题，从生活到学习，从游戏到美食，从朋友到恋人，无所不谈，彼此分享着各自的趣事，同时，也帮着排解对方的忧愁。

聊着聊着，便谈起了那个让夕颜魂牵梦萦一生的男孩。

2

夕颜以前是个特别内向孤僻的姑娘，不爱跟陌生人打交道，也不喜欢拥挤的人群，喜欢生活在自己的小圈子里，看着喜欢的书，听着爱听的音乐就很满足和幸福了。

我们俩是发小，家就在一个小区，从小我们就读一个幼儿园，一直到高中。高考后，因为我们的分数相差太大，我去了南方的城市，她则填了北方的学校，从此她的世界里再也没有了异性的朋友。

大学之前的学校里，沉重的学业压力使我们无暇顾及身边的事情，那时候的我们应付着考试就已经够精疲力竭了，那时候也许我们还太年幼，不懂得男女之间除了同学关系之外还有更加亲密的情谊，那时候一切都很简单也很艰难。

可进入大学的校园后，我们不再仅仅拿学业的成绩去衡量一个人的好坏，德智体美劳样样精通，才能成为当代的五好青年。

曾经那些单纯的同学友情，在大学也被升华成更多的男女朋友关系。

3

大学里谈一场恋爱，算得上是一门必修课程了。

可是，那么内向的夕颜迟迟不能融入到新的环境里，每天晚上到了深夜都会躲在被子里偷偷打电话跟我诉苦，记得有一次我半夜接到她的电话，电话那头一直不出声，后来便是阵阵的抽泣声，夕颜说，她在洗手间听到班上的一个女生在说她，说她性格有问题，可能是个同性恋，都没见过她和别的男生说过话，也看不见她参加集体活动，让其他人以后少跟她接触，离她远一点。

青春的心，太敏感，只要轻轻一刺，就会止不住地泪流。

那时候的夕颜，真的好难过，好委屈，仿佛全世界都不理解她，她从未被别人认同喜欢过。

谁的青春里没有一段荒芜，可这，真的是我们的错吗？

初入大学的夕颜，周围连个交心的朋友都没有，只能躲在被子里偷偷哭泣，只能隔着电话诉说她的难过，她怕，她怕别人讨厌她，她怕室友看到她哭说她矫情，所以，好多苦，好多泪都咽在口中，埋在心底。

那段时间里，夕颜的世界仿佛失去了阳光，没有了雨水，干涸枯寂成一片荒芜。

原本夕颜以为自己会一直痛苦到大学结束，直到吴昊的出现。

4

吴昊是工商管理系的学生，个子高高的，爱打篮球，是个帅气阳光的男孩。

突然有一天，夕颜的微信上出现了一条陌生的好友请求，原本打算不去理睬的夕颜，那天竟鬼使神差地点了接受，从此她的大学生涯，出现了全新的景象，她没想到这个男孩竟然成了她生命中最重要的一个人。

那天夕颜添加了吴昊之后，吴昊立马发来了一个傻笑的表情，然后说了句："夕颜同学你好，我是工商管理系的吴日天，很高兴认识你。"

看到这句开场白，夕颜懵了一下："你叫吴日天？"夕颜回了句。

然后见吴昊回道："在下大名吴昊，小名吴日天，夕颜同学以后尽管喊我小名就好，或者叫我日天也行。"

夕颜看到回答后也不禁莞尔一笑，这个叫吴昊的同学还蛮有意思的。

从来没有一个人生来就偏爱孤独，人之初，性本善，我们都希望被爱被喜欢，都想要获得别人的赞赏，很多时候，孤独只是内心失望的伪装，心若枯萎，何来勇气去爱。

5

原来，夕颜从小就父母离异，很小的时候，她就跟着爸爸住，妈妈另寻新欢已经移民国外，从此杳无音讯，缺乏母爱的夕颜从小就害怕去跟别人玩耍，因为其他的小朋友都笑她没有妈妈，说她是捡来的小孩。

我是唯一一个不嘲笑她，还跟她分享玩具，给她冰激凌吃的人，她说我是她人生最好的朋友，一辈子的朋友。

然而我并没有一直陪她走下去，人生的岔口，终究有着不同的处境，幸好，幸好出现了一个吴日天，那个一直带着笑，一直给她温暖的男生。

自从上次微信上的短暂接触后，吴昊就经常给夕颜发消息，早起说声早安，睡觉道句晚安，看到好笑的视频第一时间分享给夕颜，听到好听的歌也立马发给夕颜，他从来没有嫌弃夕颜那孤僻的性格，他总是尝试着夕颜喜欢的东西，去听夕颜喜欢的歌，看她爱看的书，吃她推荐的食物，他一步一步靠近夕颜，他做的一切都只是想离那颗心更近一点，再近一点。

终究，吴昊打开了夕颜封闭许久的心墙，在那个冬日的午后。

那天夕颜感冒了，发着高烧，当吴昊像往常一样讲述着新学来的冷笑话时，却半天没有得到回应，于是他追问道是不是有什么事情，夕颜这才说出自己感冒发烧了，吴昊回了句：“别怕，等着我。”

当寝室的门被急促地敲打时，夕颜打开门，看到满头大汗气喘吁吁的吴昊，只见他一手拿着一大包药，一手拿着打包好的热粥。

“夕颜，这是刚买的感冒药，胶囊的是早晚各一次，一次一粒，冲剂的是一天三次，一次一包，按时吃晚上就会退烧，这是我让老板刚煮的青菜瘦肉粥，中午还没吃东西吧，趁热喝点，会好得快点的。”吴昊把两个大袋子放在夕颜的桌上后，便认真地介绍起来。

顿时，夕颜的心中仿佛有块东西碎掉了，叮咚作响，心里有种暖暖的感觉，好像春天里的阳光拂过身子。

6

后来夕颜的感冒很快就好了，浑身轻松的她，感觉整个世界都变得轻盈了，当吴昊发来消息说一起去校园散散步时，她嘴角露出了甜甜的微笑。

吴昊终究走进了夕颜的心房，打碎了一路的阻碍，破碎了坚固的心墙，带着温暖和光照了进来。

有了吴昊的夕颜发生了巨大的改变，每天都是面带微笑，能够主动去和别人沟通，积极地参加团体活动，善良地对待身边每个人，认真地倾听着别人的倾诉。

大家逐渐发现，原来这个姑娘还挺漂亮的，原来这个姑娘这么平易近人，原来这个姑娘这么善良单纯。

这一切都是因为吴昊，那个要夕颜喊他吴日天的男孩，他带着夕颜坚持运动，牵着她的手走进拥挤的人流，陪着她去参加各种活动和聚会，坐在她身边给她最坚实的依靠。

吴昊说，不论发生了什么你都要笑着去面对，吴昊说，别人有困难的时候能帮忙的千万别犹豫，吴昊说，多忙多累都要每天抽点时间锻炼，吴昊说，生活本就艰难我们要心存感恩，吴昊说，唯有善良和爱心不可遗弃，吴昊说……

吴昊说的夕颜都深信，他说的每一句话，他都身体力行着，他曾许诺的每一件事，全都尽力实现着，只是，只是那句毕业要娶夕颜，却成了永远无法实现的诺言。

7

吴昊给夕颜带来了新生，他爱着夕颜，那种深爱到骨髓，那种爱她胜过爱自己的爱。

但终究，夕颜的余生，他没有办法参与，这也是他唯一一次对夕颜的失信。

大三那年的暑假，待在家的夕颜突然接到一个陌生的电话，那头是个中年妇女的声音："你是夕颜姑娘吧，我是吴昊的母亲，小昊让我告诉你，他失……信了，这次他不能为你戴上指环，看你穿上婚纱，不能娶你了，你一……个人要好好生活，小……昊……他昨天出车祸，去……去世了。"电话那头的女人一边大哭，一边断断续续地告诉夕颜这个噩耗。

夕颜晕倒了，在医院住了三天，第三天的上午醒来的。

看到我们，第一句话就问："吴昊真的走了吗？"

站在床前的我们沉默地不说话。

回到家后，夕颜一个人把自己关在房间，整整一个星期，满脸憔悴，蓬头散发。我们都以为夕颜又将重新变回曾经那个自闭的姑娘时，一个邮递送到了夕颜家，是吴昊的母亲寄来的。

夕颜拿着包裹走进自己的房间，一进去就是整整两天。

第三天，她走出房间，洗了个澡，整理了自己，开始吃饭，尝试着去锻炼，看书听歌。

夕颜终究挺了过来，带着笑和勇气。

要去上学的前一天晚上，夕颜约我出来喝酒，我们喝了很多，喝着喝着就醉了，醉着醉着就哭了，夕颜哭得声嘶力竭，趴在我身上大声地哭，用尽全身的力气。

她说："我好想去那里陪着吴昊，好想结束这残酷的生命，只是，吴昊不答应，他说要我好好生活，他说就算发生天大的事情也要坚强面对，他妈妈给我寄过来的包裹里，是他为我买好的求婚戒指，他说要娶我的，他从没失信过的！"

那天夕颜哭了好久，宣泄着心底所有的悲痛。

第二天，虽然面容憔悴，但夕颜还是带着笑跟我们告别，去了学校，她说："我一定会好好生活的，这是我对吴昊的承诺。"

8

有些人走进我们的生命里，就带来了阳光和甘露，他们教会我们如何去善待生活，他们教会我们如何去爱别人，如何去爱自己。

世事无常，你永远无法知道明天和意外哪个会先来到。

但，无论发生了什么，我们都要带着勇气坚强面对。

吴昊说，生命于我们无比珍贵，但更可贵的，是在生命的途中我们善待的种种，正是因为我们面对着，我们挑战着，我们珍惜着，才让这有限的生命发光发热，才让它延续着不朽的意义。

谢谢你，走过了我心底最荒凉的地方，带来阳光，落下春雨，开出了朵美丽的花，从此我的世界不再荒芜枯寂。

陪伴是最长情的告白

黑夜很黑，寂寞很冷，一个人的四季，总是能够冷暖自知，在这个世界上，每个人的时间都非常宝贵，而有人陪你走寒冬，伴你过冷夜，默默守护着，呵护着你。

那便是最好。

1

其实很多我们一直纠结的东西，最后时间都会告诉我们答案，它会让你知道简单的喜欢最长远，懂你的人最温暖，平凡中的陪伴最深情。

可能在青春期的时候，激增的荷尔蒙会让我们对世界很多事情充满好奇，会让我们有着无限大的自信心，会让我们对自己在意的东西多几分敏感。

最初的最初，我们好像都没那么懂爱情，以为喜欢就是爱，以为有好感就一定会在一起，以为牵了手就能一直走很久很久，那个时候我们单枪匹马，遇到什么挫折磨难都不在意，为着自己喜欢的人能够奋不顾身，而后来还是在最小的矛盾上分手。

我们说，也许彼此真的不合适，我们都会好好的，会遇到下一段幸福。

可我们都忘了，在最开始的时候，我们互相握紧彼此的双手，在漫天星星下许愿，以后一定要走到最后，携手白头，彼此不放弃。

所以，成长真的是一件很痛苦的事情，它是让你看清自己隐藏在骨子里最憎恶的那部分，然后用一件最珍贵的东西作为代价，换来思想上的成熟，换来大彻大悟的明了。

于是，以后我们懂得了珍惜。

2

原来，爱是一起吃很多很多的饭，说很多很多的话，做很多很多无聊的事。

我遇到过这样一对情侣。

男生和女生一起走进了婚姻的殿堂，男生在好友和父母亲人的见证下，为女生的无名指戴上了一辈子取不下的指环。

他说，能娶到你，真的很幸福。

她说，能嫁给你，真的很幸福。

两个人结婚后，一直很美满幸福，后来有了一个可爱的小宝宝，一家人幸福的模样让人生出无尽的羡慕。

可开始的时候，男生和女生并不是那么相爱，他们是大学同学，一个学校不同专业的同届学生，在那么多的学生里，两个人因为一场辩论赛而相识，唇枪舌战，最终一个获得了冠军，另一个屈居亚军。

男生的队伍夺得了桂冠，在比赛结束的时候，男生主动向女生索要了联系方式，看着男生红着脸支支吾吾的样子，与赛场上的意气风发判若两人，女生觉得他真的挺可爱的。

两个人的相遇，相知，相爱，其实都挺不容易的。

慢慢地，男生开始走进女生的生活，原本没有交集的两个人被命运之线牵引着，彼此靠近，相互了解。

开始的时候，男生和女生只是简单地聊天，后来有一天，女生主动找男生说话，从聊天里，男生得知了女生心里的委屈——在学院的一场辩论赛里，她因为发挥不好而输掉了，为此她很自责，也很委屈。听着女孩轻轻的抽咽声，男生轻声柔语地安慰着。

男生陪女生聊到了半夜，后来女生那边没有回复了，他才回了句晚安。

就这样，男生和女生走到了一起。

有时候，心和心的距离，真的只有一份坦诚的交流。

3

两人相处的时候，因为处在甜蜜期，每天都腻歪，如胶似漆。

渐渐地，随着时间的推移，男生和女生之间有了一些争吵，不再像最初那么美好了。

女生总是嫌弃男生玩游戏的时间太多，说男生不再像从前那样喜欢她了，看到男生和别的女生走得近一点就会吃醋，而后便是一阵狂风暴雨，男生经常被女生突如其来的脾气弄得不知所措。

其实，爱情就是这样，甜的时候让你幸福到不能自拔，苦的时候也能让你心酸到彻夜难眠，但，不论如何，它一直都吸引着无数人为之倾倒和着迷。

恋爱中的女生确实敏感了很多，患得患失，让她们开始猜疑自己的感情。

男生也发现了女生的敏感神经，于是开始慢慢不再玩游戏，跟别的女生也保持着合适的距离，包容着女生的小脾气，因为太喜欢，所以很多事情和女生比起来，都显得没有那么重要。

大二的冬天，女生因为过敏，整张脸上都长满了瘆人的红痘，去皮肤科看，医生说只能好好调养，这种过敏很难好，需要很长时间，而且最后会不会留下疤印，也很难说。

女生当时就崩溃了，爱美是每个女孩的天性，可命运却想剥夺她的这份权利，她冲男生发火，让他滚，然后就一个人哭，号啕大哭。

记得那天晚上，女生戴着口罩，在学校的小路上再次爆发了，跟男生说，我们分手吧。

男生没说话，然后把女生紧紧抱住，等到女生止住了哭声，然后凑到她的耳边轻轻说，我爱的不是你的脸，是你！就算你变成丑八怪，我也会娶你，让你当我最最珍贵的老婆。

女生一下子又哭了起来，男生就一直哄着她。

两个月后，女生的过敏终于好了，但是脸上还是有浅浅的印子，那段时间，男生一直默默陪伴着女生，陪她走过了那段最艰难的路，有他在，真好。

直到结婚，女生还是会偶尔跟男生吵吵闹闹，但不论如何，男生最后都会轻轻抱住女生，说老婆我们和好吧。

4

这个纷扰的世界里，相爱的人很多，分离的人更是不少，我们总会遇到喜欢的人，但真的很难遇到那个深爱的人。

有人能够陪你一起颠沛流离，是一件特别幸福的事情，而那个能够一直陪在你的左右，一直小心地安慰着你的坏脾气，一直对你不离不弃的人，就是你最不能错过的人！

人之为人，我们都有自己的小性格，我们都不想为了别人而改变自己，可是，总有那么一个人会让你放弃很多规则，让你一直努力拼搏。你深爱着她，默默努力着，一直守护着她的小幸福，你希望她好，希望她能幸福，所以从不离开。

也许，我们都会遇到那个让自己心动的人，那个会制造浪漫的人，但不一定会遇到那个风里雨里一直相伴的人。

所有的甜言蜜语，都比不上一生的守护和不抛弃的陪伴，那才是最长情的告白！

这个世界我只希望你好

不知什么时候，我们总是很容易忽略当下的生活，忽略许多简单美好的时光，忽略那些最深情可爱的人儿。而当所有的时光在长河里被我们辜负浪费后，我们才缅怀着从记忆里将它拎出来，抖了抖上面沉积的灰尘，感叹着它有多好多可贵。

1

平时不太爱发朋友圈，每次都是分享好听的歌时才会发一条，每次我发的时候，都会加上一句，我的愿望是世界和平！

后来，很多朋友问我是有毛病么，干吗学老薛抱着如此宽广的胸襟。

我笑笑，其实我想发的是，在这个和平的世界里我只希望你好！可是没人能知道。

世界很大，每一秒钟都存在着一千万种难过，而下一秒可能又会有一亿次的悲伤，它冰冷无情地看着万物生长，毁灭或新生，它都从未放在心上，所以，人们都喊它上帝！

我希望上帝有个好脾气，然后你能免受它的怒火。

因为我们都是凡人，最普通的男人女人，会生老病死，会有悲欢喜怒，会为着更好的生活而奔波，会因为感情而百转千回，幸福本就是一件很不容易的事情，世间拥有的人并不多，而我希望你就是其中一个。

2

还是老规矩，讲故事吧。

其实所有的缘分，都是故事的开始。

男孩遇到了姑娘，说实话，男孩是个挺不优秀的人，不像别人家故事里的主角，英俊高大，有才又深情，男孩只是个最普通的学生之一，整天玩玩游戏，看看书，没有远大的目标，也不会憎恶这个世界，安逸而简单地过着自己的生活。

姑娘是个很好的姑娘，男孩第一眼见到姑娘时，只是觉得姑娘有点可爱，后来随着时间的推移，男孩发现姑娘是个很上进很努力的人，简单而稚气，但又很细心和体贴，男孩觉得姑娘是世界上最萌最可爱的小仙女。

其实，所有人呈现给别人的样子，都是经历过生活的雕琢才有的，后来男孩才知道，原来那么可爱稚气的姑娘，完全没有他想的那么轻松，姑娘在过去的日子里承担了太多，只是她自己默默承受，然后给了这个世界一个大大的微笑。

男孩跟姑娘的相遇和相识还是蛮有缘分的，若不是需要完成一项比较急的任务，我想很可能后来男孩也没那么在意姑娘。

所以说，世间上的事情，都有着看不清的线，将他们拉拢，让他们相遇。

男孩说，感谢这个世界，让他遇到了姑娘。

3

人和人之间的相处总是这样的，要么你们两个没有共鸣，于是背向而驰；要么你们相互欣赏，愈发亲近依赖。

还好，男孩和姑娘是属于后者。

随着跟姑娘相处得越来越久，男孩越来越了解姑娘，知道姑娘不能吃太辣的和太冰的，知道姑娘对很多东西会过敏，知道姑娘有点害怕小动物，知道姑娘睡不着午觉，知道姑娘吃青菜的时候不吃菜梗，知道姑娘有个小而坚定的梦想，知道姑娘很爱哭，知道姑娘受不了委屈，知道姑娘爱看科普新奇的书，知道姑娘不爱看文绉绉的作品，知道姑娘会画画，知道姑娘唱歌很好听，知道姑娘每次都能很快入眠，也知道姑娘很容易早上被吵醒……

他了解了姑娘很多的小毛病，但却越来越喜欢她，正因为有着这些那些的小缺点，男孩才觉得姑娘是真实的可爱的，这些没有违背原则的事情，男孩都会宠着姑娘，包容她，谅解她。

姑娘也觉得男孩不错，虽然不是心里最理想的类型，但是模样也还算看得过去，性格也还好，于是尝试着慢慢跟男孩相处，尝试着去了解男孩更多。

要是，世间所有的爱情都能那么简单就好了，爱情之所以让人痴迷，就因为它太神秘。

后来相处的过程里，姑娘教男孩认识了很多植物，他们走在校园里，姑娘都能认出两边的各种花草。

“这是八角金盘，这是红花檵木，你知道檵字怎么写么，要不要我教你？”

“这是夹竹桃，它的花有微毒，平时千万不要拿手去碰它，碰到了一定要洗手，知道吗？”

“这是紫叶李，长的果子是可以吃的，到时候我带你来摘；这是广玉兰，开的花很美吧；这是香樟，这个你应该是知道的吧。”

……

当姑娘一个个为男孩介绍的时候，男孩简直被姑娘的才华所倾倒了，觉得姑娘真的好棒！

虽然男孩和姑娘越来越依赖彼此，但他们之间依然有着一个无法横跨的阻碍。

后来，男孩才知道，有时候，爱情里，不是两个人互相喜欢就能长久的，就算我想照顾你到白发苍苍，牙齿都掉光，就算我想推着你去看你最喜欢的槐花，去看慢慢下沉的晚霞。

可，真的有很多事情是无能为力的。

人只有经历过，才知道自己是多么脆弱无能！

4

男孩以前以为，爱情不过是两个人的事情，爱或者不爱，很简单。

可经历过，男孩才知道，爱情有时候是很多人的事情，你爱她，她也喜欢着你，可你们最后还是不能在一起，爱情真的没那么简单。

但，男孩还是从姑娘那里学到了，姑娘说，你别看人家总是写希望喜欢的人能够幸福，看起来很伟大高尚，其实这都是没用的，只有相伴到最后的两个人，才是最合适的，他们一起经历过挫折磨难，最后还能不分离，这才是最珍贵的爱情。

男孩懂了，陪伴才是最长情的告白。

也许，我真的不能在你身边，但我依然喜欢着你，这份爱或远或近，都在为你担忧，能够为你解决的困难一定上前，能够为你阻挡的锋利绝不避让。

我知道你很怕孤单，怕一个人吃饭，怕一个人走回寝室的夜路，所以我总会默默跟着，想着法子陪着你。

也许呀，最后的最后，你终于接受了生活，得到了一份被很多人祝福的爱情，然后走向婚姻，结婚生子，那个时候，我可能就真的放心了，毕竟有人能够温柔待你了。

男孩记得姑娘说过，你真的挺好的，我不想耽误你那么长的时间，男孩知道，姑娘是真的为他好。

可是呀，男孩是个太重感情的人，太深情的人不好，太容易受伤，受伤后会痛很久很久，然后带着防备的心艰难地融进这个世界，所以男孩知道，其实姑娘根本就不会耽误他，因为他未来的好几年，应该是不会再爱了，那又有什么可耽误的呢！

世界是个圆圈，爱情总是千回百转，相爱的人会错过，不爱的人会继续生活。

5

后来，男孩在夜里看着头顶的天空。

发现，夜里总还是需要星星的，不然会有人找不到回家的路。

他对着星星说，不管怎样，他还是想在黑夜里照亮姑娘前面的路，这样她至少不会再那么害怕孤单，毕竟你是世界上最独一无二的小仙女，你是我一辈子想要珍惜的人。

夏天会有暴雨，冬天温度骤低，会有很多预料不到的意外，会有很多难以避免的委屈困难，生活没那么容易，男孩知道，知道这个世界有很多纷扰，但这些又与他何干？

在这个世界里，男孩只希望姑娘能好好的就好！

世界是无意的，
我们都要坚强勇敢

斑驳嘈杂的世界里，形色万千，有悲有喜，有善有恶，有绝望有新生，有得到有遗憾。

我们总是嚷嚷着这个世界太不公平，为什么它要这么对我们。

其实，世界是无意的，所有的好或坏，我们都要欣然接受，然后一直坚强勇敢，才能有幸福，看到光，沐浴美好。

1

讲故事吧。

每个人都有一个梦想，在厚厚的面具和盔甲内，在深埋血肉的柔软里，我们都曾憧憬过，那渺小或伟大的梦想，它就那样闪着光，让我们一步步在荆棘的路上坚定地前行。

雨桐是个可爱的姑娘，自幼家里条件不错，父母亲人都十分宠爱她，她从小就是大家手心里的小公主，简单幸福地成长着。

很多时候，总有人在我们的世界里为我们遮风挡雨，即使天塌下来我们依然能够安然惬意，那时候我们以为这个世界是如此美好，清晨有鸟鸣，春天有花香，入夜有繁星，秋天有凉风。

可，我们不知道的是，在我们身后，那些身影经历了多少雪雨风霜，一次次将磨难扛在肩上，默默悄悄，一路相伴。

所以，直到上大学，雨桐一直都在父母和朋友的关爱下快乐地生活着，她没有生活上的烦恼，不用去考虑那么多的杂事，父母能给她所有能给的，朋友也都尽力地呵护着这个单纯的小可爱。

她经常在自己的微博上晒那些旅游开心的时刻，她的世界里仿佛都是暖风和美好。

2

后来，随着青春荷尔蒙的爆发，雨桐到了该谈恋爱的年纪。家里人都没有什么意见，只要她喜欢，能对她好就可以。

于是，雨桐遇到了周浩。

周浩是学校里的风云人物，是校学生会的主席，人很帅气，脾气看起来还特别好。雨桐进入学生会后不久，便被这个男生深深地吸引住了，恋爱中的女生很神奇，她们的智商在这段时间内基本清零，她们开始变得多愁善感，她们心心念念的都是那个让她们辗转反侧的人儿。

当雨桐跟周浩在一起的时候，她真的觉得自己是个特别幸福的人，觉得这个世界对她真的太温柔了。

经历了热恋的甜蜜期，雨桐逐渐开始依赖上周浩，喜欢跟他分享生活中的点点滴滴，遇到了什么新鲜事，看到了什么好吃的，抑或是逛街碰到了适合周浩的东西，她都会第一时间告诉周浩，仿佛她的世界的重心就是周浩。

那时候，雨桐是真的以为自己能够跟周浩走到最后，一起组建一个温暖的家庭，有一两个可爱的宝宝，一只猫，一只狗，还有透过落地窗照进来的夕阳，一切看起来那么美好，一切都是那么让人痴迷。

可，世界上有一种东西谁都没法去预测掌握，它叫作意外。

3

雨桐的父亲在外做生意时被人骗了，亏空了所有的积蓄，还欠了亲戚和银行一大笔债，曾经那个富裕温馨的家庭，如同玻璃水晶掉落在地，支离破碎。

开始的时候，家里人都瞒着雨桐，尽量满足她的物质要求，希望她能够快乐无忧地成长，虽然他们都知道，这种善意的谎言根本不会长久，可他们就是心疼，心疼这个单纯简单的姑娘，不想她太早长大。

后来，无意间从别人口中听到这个消息，雨桐当时还不相信，给家里打电话后才知道了实情，虽然对于经济没有太大概念，但她也知道家里确实欠下了很多钱。

她开始学着去生活，不再无所顾忌地想要什么就问家里去要什么，不再凭着自己的意气去追求那些可有可无的东西，也不再那么幼稚单纯了。

有人说，成长其实是一件很痛苦的事情，如果可以，我相信大家都想永远做那个单纯稚气的小孩子，不去思考那么多复杂的事情，不去应对这个世界的锋利，只要一颗糖果一件玩具就能开心很久很久，那该多好。

而除了家里的事情外，雨桐深深依恋的周浩也因为快要毕业，在家里的安排下要出国留学了，他说他会在英国等着雨桐，雨桐微笑着祝福道，要好好照顾自己，要幸福快乐。转过身，泪如雨下，她知道自己去不了英国，她知道自己失去了那个曾深深喜欢的人。

世界变幻莫测，我们都想懂它，可谁也没有真正了解过它。

4

生命还在继续，日子也得继续。

雨桐尝试着去做兼职，学会了很多以前没了解过的技能，这些技能能帮她赚钱，满足她日常的开销和需求，她成了人潮中最普通的姑娘之一，那个曾幻想过的美好的梦，随着飘落的秋叶，被泥土深深埋葬。

毕业的时候，雨桐找到了一家不错的公司，因为只是本科生，开始的工资并不高，但加上周末做的兼职，她也能过得不差。这几年，雨桐的学费都是自己挣来的，家里要给她钱，她没有要，她知道这是她能给家里分担一点压力的最好办法。

工作后，雨桐一直很努力，每天都加班到最后，一有时间就会充实自己的不足，她知道自己的基础不好，底子没人家厚，只有努力努力再努力才能离成功近一点。

生活不会亏待努力的人，也许你一次次付出都没有收获成果，但最后，生活终将为你开出一朵绚烂的花，它需要你坚持，需要你不放弃。

后来，雨桐帮助家里还清了所有的债务，她现在的年薪很高，能够在这个城市拥有属于自己的一个小小的房间，她没有结婚，周围的人都称赞她这么优秀，为什么还没找个人嫁了，她总说不急。

回首这些年来，雨桐从没有埋怨过生活，也没有觉得岁月亏欠她什么，后来她知道周浩找了一个温柔的妻子，是和他一起在英国留学的同学，他们还有了一个小公主，很可爱，眼睛很像周浩。

雨桐说，这个世界对待每个人都是无意的，可能你生活得幸福轻松，可能你正经历着挫折磨难，抑或是你一生郁郁寡欢没能实现自己的抱负，这些的种种都是上天无意的安排，你的人生，怎么走，走到哪里，终究是你自己的事情！

5

是呀，谁的一生是由命运掌控的呢？

我们自己才是生活的主人，不管美好或苦难，我们自己经受着，自己追求着，自己在悠悠岁月里咬牙前行着，最后一定能获得期许的幸福。

不要遇到点什么事情就抱怨命运不公，咒骂这个世界太残忍，你看那些怨天尤人的人有几个能幸福的？那些默默接受着，坚强勇敢的人，才是生活的成功者，他们经历了磨难，也享受了幸福，不悲不喜，不离不弃，相信着，努力着，最终都幸福着！

愿你我，不负时光美好，不被世界打倒，在这个无意的世界里，勇敢坚强，一直到老。

后记：总有个人教会你如何去爱

到现在，我还是相信爱情。

怎么说呢，我想把这篇文章放在书的最后一篇，这可能是对我最重要的一篇文章，我希望它有一个特殊的位置，我也希望你们能够看到这里。

这个夏天，对我来说，很梦幻，仿佛爱丽丝梦游了仙境，我也遇到了让我痴迷的小仙女，一切的一切都很好，可夏天过去了，梦醒了，仙女离开了，然后便是无尽的悲伤和疼痛。

后来，我问我自己，如果可以，我是否还会愿意去做这个梦，去遇见那个最萌的小仙女？结果依旧，会的。

给你介绍一下小仙女，可能这是她第一次也是最后一次出现在我的文章里，她说她不想成为我的创作素材，她担心我跟她相处是不是写作需要灵感，我当时就想笑哭了，真的是萌到天际的小仙女。

小仙女原本是不叫小仙女的，我给她备注的是小狗，然后某天她看到了我的微信备注，便夺了我的手机自己改成了小仙女，我默认，从此这个名字便成了我生活中最响亮的旋律。

后来想想，我们每个人都有一个让自己终生难忘的名字，或短或长，也许是个名字，也许只是个昵称，但我们都没想到，就是它让我们每次提起时，便脑回路一转，不过忘不了的是佳人罢了。

小仙女很萌，怎么说呢，不管她蠢蠢的时候，还是聪明伶俐的时候，我都觉得她非常非常萌！

小仙女是个特别善良的姑娘，骨子里透露着最圣洁的美好，原本她就应该是最美丽，最幸福的模样。

她教会了我很多东西，很多花草树木，鸟兽岩石，她都略知一二，每次走在校园的小路上时，她总能指出一株不起眼的植物喊出它的名字，然后说出它们的特征，我总是一脸崇拜地看着她。

虽然她平时爱看这些有趣的科普书，但是对于文学的书籍却不感冒，最令她难受的就是马尔克斯的《霍乱时期的爱情》，她说她真的好幼稚，什么书都没怎么读过，我一边微笑，一边被萌成智障。

小仙女……

回忆起来，就真的没完了，而且每一次回忆都是撕裂伤口的一次次酷刑，因为太幸福美好，所以太想念后悔，但终究是过去的，你再怎么哭泣也回不到昨晚梦到的地方。

所以，我把她装进了我的心底，装进了大脑沟壑的最深处，怀念的时候想想就好。

记得她在选择放弃的时候说过，我是不坚定的，是纠结的，她不想到时候抛弃了很多，换来的只是我的忽冷忽热。我默然。

我曾在那个夜里整宿没睡，我不断地回忆着关于我俩的情节，我发现我确实不够坚定，因为有所顾忌，所以没做到全力以赴，我承认我是输了，因为有个人说他有着100分对小仙女的喜欢，所以小仙女宁愿选择喜欢她满分的那个人。

我曾在她喜欢我的时候，亲手破碎了一切，所以我必须承担所有的后果，人，都是这样的，你只要成年，不论做什么事情都要对其负责，多么艰难，你都要承受，因为这是你自己选择的路。

珍惜，是最难能可贵的，也是最容易被遗忘的。

我们总在幸福的时候忘了珍惜，忘了去保护好身边那些对你很好的人，因为惯性，理所当然地接受着世界的眷顾，然后不经意间一次次伤害着她们，你要知道，所有的绝望都是积攒起来的失望。

后来，我也想了很久，可能我和小仙女都没有那么爱彼此，都没有达到满分的爱，所以会用自己的角度去审视这段感情，然后便心灰意冷选择离开，可能真的都是爱得不够，对我，对她都是。

所以，希望你们如果真的遇到了特别喜欢的人，就请深爱，不要想着放弃，这样所有的挫折，都会有解决的办法，人一旦动了某个念头，便会疯狂滋长，坚定是最长情的守候。

也许后来，我们都会遇到一个自己喜欢的人，会慢慢淡忘过去，会在记忆里，在心里，留下小小的一块位置，也许我们都会幸福，但那又如何呢？我们总被人告诫会好的，会幸福的，会遇到的，但我们曾只想拥有彼此啊，后来的后来，谁会在意呢？为什么总要去指望着以后，而不一起努力走到最后呢？

深情的人最容易受伤，深情的人也最容易幸福。

有时候，伤害和疼爱都是转瞬的事情，你爱得多深，就会伤得多痛，所以对于那个我们深爱的人，我们只选择深爱着就好，其他的都不用思考，都会在时间的长河里被解决。

我终究是没有了我的小仙女，我想我也会很久很久不会再有另一个小仙女了，步子太慢，很难去迎合其他人的频率。

总会有一个人教会你如何去爱，在你的生命中，在你的感情里，多么正常而又疼痛的一件事，我希望，那个教会你如何去爱的人，成为你一直深爱，陪你偕老白头的人。

毕竟你们相爱过，毕竟你们一起努力过，只要是不超过最底线的原则，希望你们都能再努力努力，毕竟只有一个你，也只有一个她，请珍惜这段来之不易的缘分。

我的小仙女，就真的成了我一个人的小仙女了，在我的心里，满满的，等着被时间一点点消磨。

希望你，永远被这个世界爱着，保护着，温柔地对待着，因为你值得它对你很好很好！